Fossilien

ERKENNEN
*** UND ***
BESTIMMEN

Delphin

Herstellungsbüro Gorbach, Satz VerlagsSatz Kort GmbH,
München.
Printed and bound by Vallardi Industrie Grafiche,
Milano, Italy.
ISBN 3.7735.2403.X

Die Bilder stellten zur Verfügung:
*Biofotos, L. Hamilton, Imitor, Institute of Geological Sciences,
Mark Lambert, Mansell Collection, P. Morris, NHPA, Novosti,
ZEFA Ltd.*

Autor

Mark Lambert

Deutsche Bearbeitung

EditorenTeam Burkhardt Kiegeland GmbH

Heike Baur und Ehlert Puvogel

INHALT

Dieses fremdartige Gebilde hätte die Menschen des Mittelalters in Schrecken versetzt. Aber es handelt sich nicht um einen Dämon, sondern um einen Trilobiten *(Calymene blumenbachii)*, der in silurischem und devonischem Gestein gefunden wird. Bei der Fossilisierung war er aufgerollt und nicht flach ausgestreckt. Seine Facettenaugen ähneln denen von Insekten. Die ›Nase‹ ist in Wirklichkeit ein erhobener Teil des Kopfes, *Glabella* genannt.

Fossilien – Schlüssel zum Leben der Vorzeit

Was sind Fossilien? Werke des Teufels? Schöpfungen Gottes? Überreste aus Noahs Arche, wie sie in der Bibel beschrieben sind? Bis zum Mittelalter hielten viele Menschen eine dieser Erklärungen für zutreffend. Lange vor Christi Geburt hatten griechische Gelehrte bereits die wahre Bedeutung der Fossilien erkannt. Aber nach dem Untergang des antiken Griechenlands wurden ihre Lehren nicht mehr ernst genommen. Einige Gelehrte stellten zwar fest, daß Fossilien Teilen von Pflanzen und Tieren ähnelten, aber sie machten den Zufall für diese Erscheinung verantwortlich.

Es war der dänische Anatom Nicolaus Steno (1638–1686), der erkannte, daß Fossilien bis in alle Einzelheiten Pflanzen und Tieren entsprachen. Und er kam zu dem Schluß, daß sie Überreste oder *Beweise* früherer Lebewesen sein mußten. Die moderne Wissenschaft vertritt dieselbe Meinung. Aber im Gegensatz zu Steno wissen wir heute, wie es zur Bildung von Fossilien kam.

Lebendes Fossil ist eine Bezeichnung für Tiere und Pflanzen, die über Millionen von Jahren nahezu unverändert geblieben sind. Der Coelacanthini (links) ist ein Fisch, der zunächst nur als Fossil bekannt war, bis 1938 ein lebendes Exemplar gefangen wurde. Der Gingkobaum (rechts) gehört zu einer Pflanzengruppe, die vor 200 Millionen Jahren weit verbreitet war.

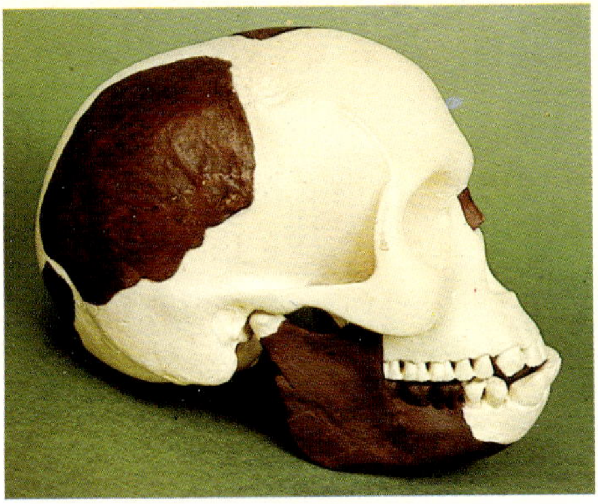

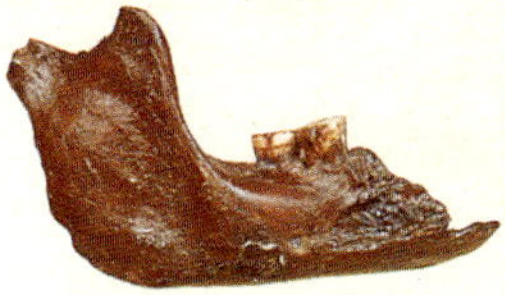

Oben: Ein Abdruck des Piltdownkiefers, der 1912 entdeckt wurde.
Links: Der vollständige, rekonstruierte Piltdownschädel. Die gefundenen Stücke sind dunkelbraun gefärbt.

Gefälschtes Fossil
1912 fanden Charles Dawson und Dr. Arthur Woodward in einer Sandgrube in Sussex Schädelteile und die rechte Hälfte eines Kiefers. An derselben Stelle wurden 1913 ein Eckzahn und einige tierische Überreste aus dem Pleistozän gefunden. Das blieben die einzigen Funde. Wissenschaftler hielten Schädel und Kiefer für Überreste eines Vorfahren des Menschen. Nach 1949 wurde dann aufgrund besserer Datierungsmethoden bewiesen, daß der Schädel zwar menschlich war, aber aus der Zeit zwischen 1300 und 1400 n. Chr. stammte. Der Kiefer war von einem jungen Orang Utan. Die Knochen waren mit Chemikalien behandelt worden, um sie echt erscheinen zu lassen. Somit war der ›Piltdownmensch‹ eine Fälschung.

Der französische Naturforscher Baron Cuvier rekonstruierte aus fossilen Überresten das *Megatherium,* ein Tier aus dem Pleistozän, rechts, und zeigte, daß es dem heutigen Faultier verwandt war.

Ginkgo-Blatt

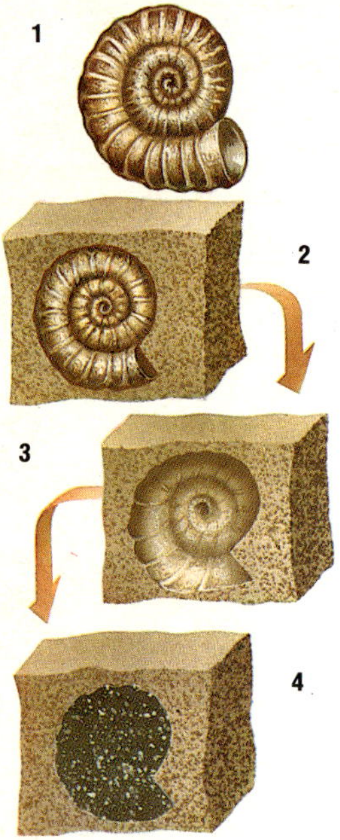

Oben: Wenn ein Ammonit (1) starb, wurde er zusedimentiert (2). Oft löste sich die Kalkschale später auf und hinterließ einen Fossilabdruck (3). Wenn sich der Abdruck mit Sedimenten füllte, bildete sich ein Steinkern (4).

Gegenüber: Ein Ahornblatt ist als Abdruck auf einem Felsen erhalten geblieben.

Unten: Fossilisiertes Holz entsteht durch Ersetzung. Es enthält alle Merkmale des Originalholzes.

Wie Fossilien entstehen

Millionen von Fossilien finden sich in den Gesteinen der Erde. Und doch repräsentieren sie nur einen Bruchteil der Millionen Milliarden von Tieren und Pflanzen, die seit Entstehung des Lebens existiert haben. Zur Ausbildung eines Fossils sind bestimmte Voraussetzungen nötig.

Die meisten Fossilien entstehen aus den Hartteilen von Tieren und Pflanzen. Weiche Bestandteile wie Fleisch zerfallen gewöhnlich bald nach dem Tod des Organismus, obwohl auch sie manchmal zu Fossilien werden können (siehe Seite 13). Nach dem Absterben einer Pflanze oder eines Tieres muß der Körper bald überdeckt werden, wenn ein Fossil entstehen soll. Das geschieht durch Ablagerungen von Schlamm und Sand. Deshalb sind die häufigsten Fossilien Überreste von Tieren oder Pflanzen, die einmal in Meeren, Flüssen oder Seen gelebt haben.

Das nächste Stadium der Fossilisierung hängt von entsprechenden chemischen Bedingungen in den Ablagerungen ab.

Mineralisierung

Die Hartteile von Tieren enthalten im allgemeinen viele winzige Löcher oder *Poren.* Mineralien aus dem Wasser und dem Sediment dringen in das überdeckte Schneckenhaus oder den Knochen ein und füllen die Poren aus. Daher erscheint das Fossil steinartig – in Wahrheit aber unterscheidet es sich nicht vom Original, es ist nur schwerer. Derart *mineralisierte* Fossilien stammen vor allem aus dem Känozoikum.

Ersetzung *(Metasomatose)*

Wenn ein Schneckengehäuse längere Zeit in einem Gestein verborgen ist, kann es zu größeren Veränderungen kommen. Ein Schneckenhaus beispielsweise, das im Mesozoikum vor rund 65 bis 230 Millionen Jahren abgelagert wurde, kann sich aufgelöst haben. Während dieser Auflösung wurde die Schale allmählich durch Minerale aus dem Sediment *ersetzt.* Das entstandene Fossil stellt somit ein

Steinmodell des ursprünglichen Schneckenhauses dar. Bei vielen Fossilien verlief die *Ersetzung* extrem langsam, Molekül für Molekül. Dadurch blieben auch winzigste Details der Originale erhalten.
Während die Hartteile durch Mineralmoleküle ersetzt wurden, füllten die durch den Verfall der weichen Teile entstandenen Hohlräume oft Sedimente auf. Das geschah häufig bei Ammoniten. Dadurch wurden die leichten Schalen dieser Tiere fest und schwer und hielten dem Druck des Gesteins stand.
Die Zellen eines abgestorbenen Baumes sind zu klein, als daß sie mit Sedimenten ausgefüllt werden könnten. Aber gelöste Minerale, wie Silikatgele, konnten eindringen. Die Minerale ersetzten das Baumholz und bildeten ein Steinfossil, das den inneren Aufbau des Baumes exakt wiedergibt. So zeigen sich bei einigen *petrifizierten* (versteinerten) Baumstämmen sehr deutlich die Jahresringe.

Hohlraum und Prägekern
Muschelschalen können zusedimentiert und aufgelöst werden, ohne daß Minerale sie ersetzen. Nach der Auflösung bleibt ein Hohlraum zurück. Wird dieser später durch Mineralstoffe aufgefüllt, entsteht ein sogenannter *Prägekern,* der die Außenseite der ursprünglichen Schale abbildet. Bei fossilen Prägekernen bleibt der innere Aufbau eines Organismus nicht erhalten, aber äußere Details zeigen sich deutlich.

Oben: Fossiler Zahn eines Hais aus der Kreidezeit – *Carcharodon.*

Manchmal entstehen Steinkerne vom Inneren einer Muschel. Das geschieht, wenn eine Muschel sich vor ihrer Auflösung mit Sedimenten füllt oder sie und die umgebenden Ablagerungen durch Minerale ersetzt werden und einen Hohlraum hinterlassen, der später aufgefüllt wird.
Mit Glück können Fossiliensammler einen Steinkern innerhalb seines Hohlraums finden. Wenn der Steinkern sich aufgelöst hat, kann man ihn mit Gips selbst herstellen (siehe Seite 57). Viele Fossilienabdrücke in Museen sind so entstanden.

Andere Fossilarten
Versteinerungen sind nicht die einzigen Überreste der Vergangenheit. Die überdeckten Reste von Pflanzen werden manchmal in Kohle umgewandelt. Diesen Vorgang nennt man *Inkohlung.* Solche Fossilien bestehen aus dünnen Kohleschichten, die den Umriß der Pflanze zeigen. Auch Graptolithen bleiben oft auf diese Weise erhalten.

Unten: Eine Auswahl teilweise mineralisierter känozoischer Schnecken, die unseren heutigen ähneln.

Fast alles kann fossilisiert werden. Zu den *Spurenfossilien* gehören Eier, Tierausscheidungen, Tierbauten und Fußabdrücke. Fachleute können aus Spurenfossilien viel über die Lebensgewohnheiten von Tieren erfahren.
Selbst die Weichteile von Tieren können Fossilien hinterlassen. Sogar Abdrücke von Quallen wurden schon gefunden. Am meisten aber beeindrucken Fossilien vollständiger Tiere.
Frühzeitliche Insekten, die sich in klebrigem Harz verfingen, blieben erhalten, wenn sich das Harz zu Bernstein verhärtete. In Starunia in Polen wurde ein vollständiges, über 10000 Jahre altes Nashorn entdeckt. Es war in einer Mischung aus Teer und Salz noch so gut erhalten, daß sein Mageninhalt untersucht werden konnte. In den Dauerfrostböden Sibiriens fand man mehrere große Mammuts, die so tief gefroren waren, daß ihr Fell noch unzerstört war und ihr Magen unverdautes Gras enthielt. Hunde fraßen sogar das Fleisch.

Oben: Ein Fußabdruck aus der Vergangenheit. Vor über 150 Millionen Jahren ging ein Dinosaurier, *Cheirotherium,* über einen Schlammflecken. Der Schlamm wurde fest und später von Sedimenten überlagert. So blieben die Fußabdrücke als Fossilien erhalten.
Viele Leute konservieren Gemüse und Fleisch in Tiefkühltruhen. Auch die Natur kennt dieses Verfahren. Das Mammut, unten, starb vor 45000 Jahren und blieb in der gefrorenen Erde Sibiriens erhalten. 1900 wurde es fast unversehrt entdeckt. Jetzt ist es ausgestopft und in einem Leningrader Museum ausgestellt.

Oben: Granit entstand aus geschmolzenem Gestein. Er enthält keine Fossilien.

Unten: Wenn Vulkane ausbrechen, bildet sich magmatisches Gestein an der Oberfläche, und unterirdisch in Lagergängen, Apophysen und Plutonen. Druck und Hitze des geschmolzenen Gesteins verwandeln *(metamorphisieren)* das benachbarte Gestein.

Was die Gesteine verraten

Noch lange nach der Entstehung der Erde war ein großer Teil ihrer Oberfläche mit kochend heißer Lava bedeckt. Die heißen Gesteinsmassen erstarrten zu einer festen Kruste, teils unterirdisch, und bildeten Gesteine aus wie den Granit. Solche Gesteine nennt man *magmatische Gesteine.* Das Wort *Magma* kommt aus dem Lateinischen und bedeutet Brei.

Die Vulkane stießen nicht nur geschmolzene Lava, sondern auch viele Gase und Wasserdampf aus. Diese Gase bildeten die erste Atmosphäre um unseren Planeten. Sie enthielt wahrscheinlich noch wenig Sauerstoff. Der Sauerstoffgehalt nahm erst zu, nachdem sich vor etwa 1900 Millionen Jahren die ersten Pflanzen entwickelt hatten.

Stürme tobten über die neugebildete Erde. Der Wasserdampf in der Luft wurde zu Regen, der die Erdoberfläche peitschte, steile Abhänge hinunterstürzte und reißende Flüsse bildete, die in Seen und Meere mündeten. Die Flüsse trugen das Gestein ab, *erodierten* es. Felsstücke, von feinem Schlamm bis zu großen Gesteinsbrocken, wurden in die Seen und Meere getragen. Dort lagerten sie sich zu dicken Schichten ab, die später zu festem Gestein, dem sogenannten *Sedimentgestein,* zusammengepreßt wurden.

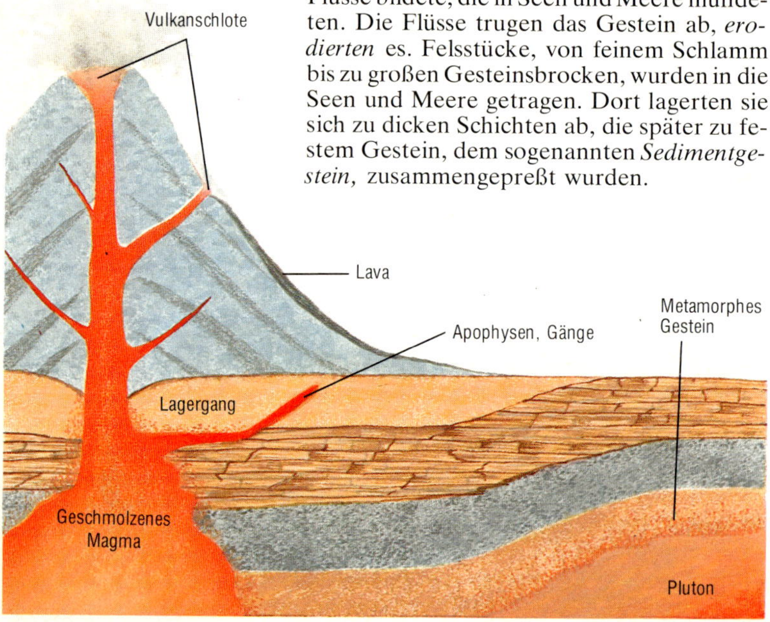

Noch später wurden einige Sedimentgesteine erneut erhitzt und zusammengepreßt – sie veränderten sich, *metamorphisierten. Metamorphe Gesteine* sind die dritte wichtige Gesteinsart.
Wo findet man nun Fossilien? Nicht in magmatischem Gestein, da die heiße Lava alles verbrennt, womit sie in Berührung kommt. Und in metamorphem Gestein werden Fossilien verändert, zerquetscht oder geschmolzen. Es bleibt also nur das Sedimentgestein; es bedeckt drei Viertel der Landfläche.

Oben: Der Ätna in Sizilien ist der höchste Vulkan Europas. Er ist in den letzten Jahren mehrmals ausgebrochen. Während der Eruptionen fließt geschmolzene Lava nach unten. Alle Häuser, Bäume und Anpflanzungen werden verbrannt und von der sich vorwärts schiebenden Lava verschüttet. Wird die Lava hart, bildet sie neues vulkanisches Gestein aus, das jedoch keine Fossilien enthält.

Oben: James Hutton (1726–1797)

Unten: Die meisten Sedimentgesteine bilden sich im Wasser. Schwere Steine lagern sich nahe der Küste ab; Sand, Schlick und Schlamm werden weiter hinausgetragen. Noch weiter entfernt von der Küste bestehen die Sedimente vor allem aus Resten lebender Organismen.

Sedimentgesteine

In den 1780er Jahren unternahm der schottische Geologe James Hutton eine detaillierte Gesteinsstudie. Er wußte, wie magmatische und Sedimentgesteine entstanden und noch heute entstehen. Ihm fiel auf, daß diese Vorgänge kontinuierlich und zugleich so langsam abliefen, daß oft viele Millionen Jahre nötig waren, um dicke Gesteinsschichten entstehen zu lassen.

James Huttons grundlegendes Buch *The Theory of the Earth* (Theorie der Erde) erschien 1797, zwei Jahre vor seinem Tod. Darin äußerte er die Vermutung, daß die Erde viele Millionen Jahre alt sein müsse. Damals glaubten viele Menschen, die Erde sei 4004 v. Chr. entstanden. Diese Jahreszahl war 1650 von dem irischen Erzbischof Ussher ermittelt worden; er hatte einfach die Generationen des alten Testaments bis zu Adam zurück gezählt.

Leitfossilien

Nach Huttons Tod arbeitete der englische Feldvermesser und Ingenieur William Smith am Bau eines Kanals. Beim Ausheben des Kanalbetts kam Sedimentgestein zum Vorschein. Smith untersuchte es und begann, die verschiedenartigen Fossilien, die er dort fand, zu sammeln. Er erkannte, daß bei nicht gestörten, gefalteten oder verschobenen Sedimentgesteinen die tieferen Schichten älter sein mußten als die darüber liegenden.

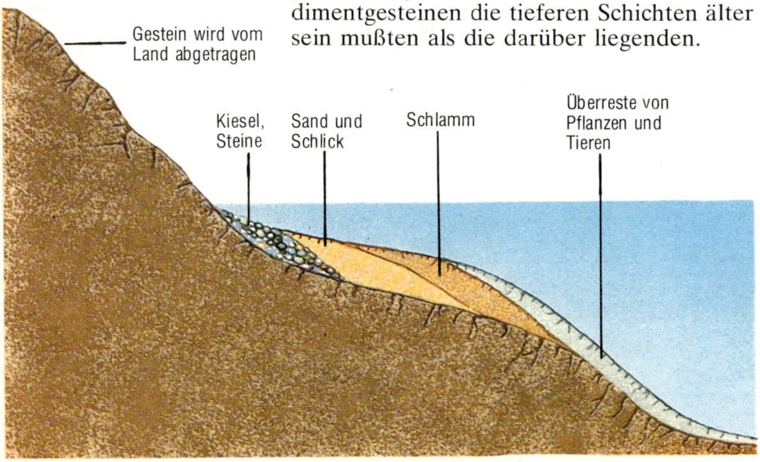

Ammoniten wie der jurassische *Promicroceras,* links, und Trilobiten wie der kambrische *Cedaria,* oben, sind Leitfossilien. Beide Tierarten veränderten sich schnell und kommen häufig als Fossilien vor.

Smith notierte jede Gesteinsschicht, aus der er ein Fossil entnahm. Er stellte fest, daß manche Fossilien in mehreren Schichten auftauchten. Diese Fossilien waren Hinweise auf Pflanzen oder Tiere, die über den langen Zeitraum der Bildung der verschiedenen Schichten gelebt hatten. Manche Fossilien traten nur in einer einzigen Schicht auf. Sie waren der Hinweis auf Lebewesen, die sich im Zeitraum der Ausbildung dieser einen Schicht entwickelt hatten und dann wieder ausgestorben waren. Solche Fossilien nennt man *Leitfossilien.* Sie sind für die Geologie von außerordentlicher Bedeutung. Wenn Leitfossilien in zwei Gesteinsschichten vorkommen, auch wenn diese weit voneinander entfernt liegen und aus verschiedenen Arten Sedimentgestein zusammengesetzt sind, kann man davon ausgehen, daß beide Schichten das gleiche Alter besitzen.

Geologische Kartierung

Wie ein Detektiv stellte Smith alle Fossilfundorte zusammen. Damit war er in der Lage, die erste große geologische Karte von Südengland zu zeichnen. Sie war, weil sie Vorkommen von Baugestein aufzeigte, von großem Nutzen für die Ingenieure. Weiter legte man mit ihr den günstigsten Verlauf von Kanälen fest. William Smith wurde später als der ›Vater der englischen Geologie‹ und als ›Schichten-Smith‹ bekannt.

Die Datierung von Gesteinen

Die Entdeckungen von William Smith dienten den Geologen im 19. Jahrhundert dazu, das ›realtive‹ Alter der Gesteine festzulegen – das heißt, man konnte jetzt feststellen, ob eine Schicht (lateinisch: *stratum*) jünger war oder älter als eine andere. Diese Methode nennt man *Stratigraphie.* Damals gab es jedoch noch Schwierigkeiten: Wenn die Gesteinsschichten gestört oder gefaltet waren, konnte man ihre altersmäßige Abfolge oft nur schwer feststellen (siehe Abbildung unten). Zum zweiten gibt es keine Stelle auf der Erde, die eine vollständige Gesteinsabfolge aufweist. Auf dem Meeresboden zum Beispiel kann sich das Sedimentgestein bis zu einer Dicke von einem Kilometer auftürmen, ein Vorgang, der vielleicht 200 Millionen Jahre in Anspruch genommen hat. Aber dann können Erdbewegungen das Gestein zu einem hohen Tafelland oder einer Gebirgskette anheben. Ist das Gestein der Atmosphäre ausgesetzt, unterliegt es der Verwitterung, der Erosion. Angenommen, dieser Vorgang dauert 50 Millionen Jahre, dann wird die obere, einen halben Kilometer dicke

Rechts: Die Abbildungen zeigen, daß Gesteinsserien an der Oberfläche oft kompliziert gelagert sind, da sie durch Bewegungen in der Erdkruste entweder verschoben oder gefaltet wurden. Das obere Diagramm zeigt zwischen dem Kambrium (A) und der Trias (G) entstandene Schichten. Sie werden nach ihren Leitfossilien identifiziert. Entlang von *Verwerfungen* (Bewegungsflächen in der Erdkruste) werden Schollen entweder gehoben oder abgesenkt. Hier hat die Bewegung entlang zweier Verwerfungsflächen zu einer ungewöhnlichen Abfolge an der Oberfläche geführt, wo Gestein aus Perm, Karbon und der Trias zutage treten. Die untere Abbildung zeigt gefaltetes Gestein, nachdem der Faltungssattel erodiert ist. Als Folge davon werden die Gesteine, ausgehend vom Sattelkern der ordovizischen Schicht (B), immer jünger.

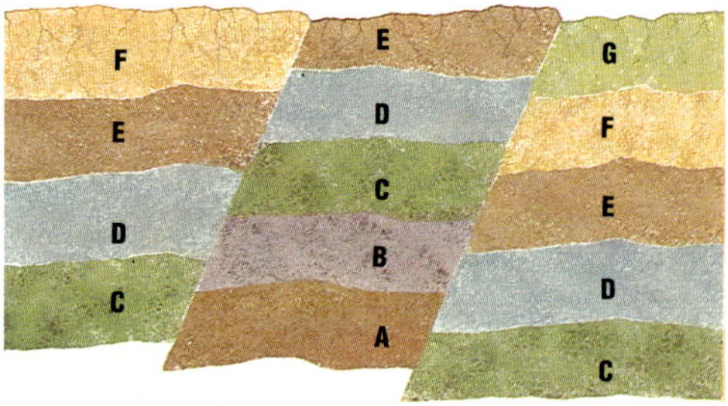

Schlüssel
A Kambrische Schicht
B Ordovizische Schicht
C Silurische Schicht
D Devonische Schicht
E Karbonische Schicht
F Permische Schicht
G Triassische Schicht

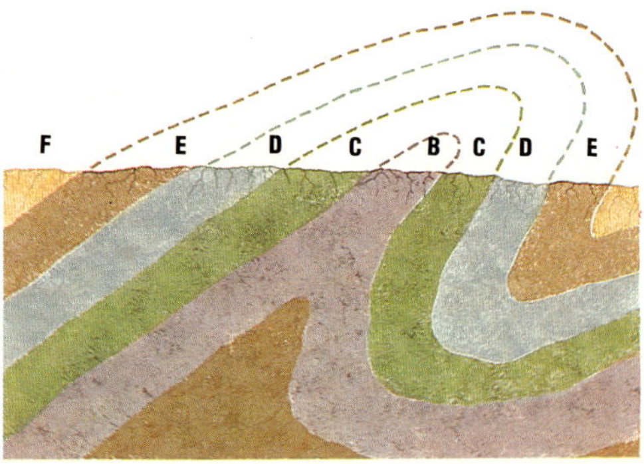

Gesteinsschicht vielleicht abgetragen. Bedeckt dann neuerlich das Meer dieses Land, lagert sich wieder Gestein ab, das dann wesentlich jünger ist als die darunterliegenden Schichten. Solche Brüche in der Gesteinsabfolge nennt man *Diskordanzen* oder Schichtlücken.

Durch das Studium von Gesteinen an vielen Orten konnte die Ordnung entschlüsselt werden, in der Gesteine und Fossilien entstanden sind. Fossilhaltige Gesteine wurden in drei Gruppen unterteilt. Jede Gruppe steht für eine lange *Ära* in der Geschichte der Erde. Eine Ära wird in kürzere *Perioden* und eine Periode oft in *Epochen* unterteilt.

Sedimentgesteine entstehen in abgegrenzten Schichten, die, über Meereshöhe angehoben, Brotschnitten ähneln. In Lilstock Bay, Somerset, England (unten), sind die Sedimentgesteine der beiden unteren Klippendrittel jurassischer Tonschiefer und Mergel. Das obere Drittel der Klippen besteht aus jurassischem Kalkstein, der durch Ton überlagert ist. Die ältesten Gesteine befinden sich am Fuß der Klippen.

Zeitskala der Erdgeschichte

Die älteste der drei fossilreichen Ären ist das *Paläozoikum* (›altes Leben‹), das viele Fossilien primitiver Lebensformen enthält. Darauf folgen Gesteine aus der *mesozoischen* Ära oder dem Erdmittelalter. Als letztes folgt die *känozoische* Ära oder Neuzeit, in der auch wir leben.

Das Paläozoikum hat sechs Perioden, wobei amerikanische Geologen die karbonische in zwei Perioden unterteilen: das *Mississippian* und das *Pennsylvanian*. Die älteste Periode im Paläozoikum ist die kambrische. Kambrische Gesteine sind die ältesten mit häufigen Fossilvorkommen. Präkambrische Gesteine enthalten nur sehr wenige Fossilien.

Das Mesozoikum hat drei Perioden, das Känozoikum zwei: *Tertiär* und *Quartär*. Da über das Känozoikum mehr bekannt ist als über jede andere Ära, werden diese beiden Perioden in weitere Epochen unterteilt. Das Tertiär hat fünf Epochen, das Quartär zwei. (Zeitspannen, die kürzer sind als Epochen, heißen *Alter*.) Auf diese Art haben Geologen eine *Zeitskala* der Erdgeschichte angefertigt (siehe Seiten 22 und 23). Aber das absolute Alter der Gesteine konnte erst ermittelt werden, als Anfang des 20. Jahr-

Rechts: Der Grand Canyon. Unten: Ein Querschnitt durch den Canyon. Unten befindet sich präkambrisches Gestein, überlagert von kambrischem, karbonischem und permischem Gestein.

hunderts die Radioaktivität entdeckt wurde. Radioaktive Substanzen senden energiereiche Strahlen und Teilchen aus. Demzufolge wandeln sie sich um, sie zerfallen. Dieser Zerfall erfolgt mit einer bestimmten, gleichbleibenden Geschwindigkeit. Wenn zum Beispiel Uran, ein radioaktives Element, laufend Teilchen abstrahlt, bleibt als Endprodukt radiogenes Blei zurück. Um das Alter einer Uranprobe festzustellen, muß nur ermittelt werden, wieviel radiogenes Blei sie enthält. So ist es möglich, das Alter von Gesteinen zu bestimmen. Eines der radioaktiven Elemente, Kohlenstoff = C14, wird zur Bestimmung des Alters bis zu 45 000 Jahre alter Substanzen herangezogen (siehe Abbildung).

1

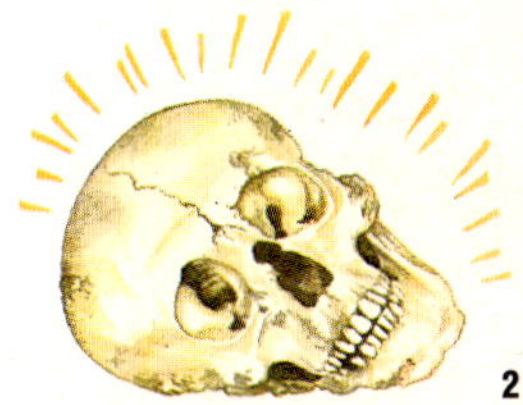

2

3

4

Radio-Karbon-Datierung: Radioaktiver Kohlenstoff wird bis zu ihrem Absterben von allen Lebewesen eingeatmet und absorbiert. Er zerfällt mit konstanter Geschwindigkeit. Eine lebende Person (1) gibt 2500 Zerfalleinheiten pro Stunde ab. Ein 5600 Jahre alter Schädel (2) 1250 Einheiten; ein 11 200 Jahre alter (3) 625 und ein 44 000 Jahre alter Schädel (4) 3 Einheiten pro Stunde. Durch Zählen der Einheiten kann das Alter der Knochen bestimmt werden.

Die Perioden der Zeitskala

Kambrium *Cambria* ist der lateinische Name für Wales, wo zuerst kambrische Gesteine untersucht wurden.
Karbon heißt nach der Kohle *(Carbo)*, die sich in dieser Periode ausbildete.
Kreidezeit Kreide ist ein sehr häufiges Gestein dieser Periode.
Devon heißt nach der Grafschaft Devon im Südwesten Englands.
Jura heißt nach dem gleichnamigen französischen Gebirge.
Ordovizium Die *Ordovices* waren ein alter, in Nord-Wales beheimateter Stamm. Dort wurden Gesteine aus dieser Zeit zum erstenmal untersucht.
Perm hat seinen Namen von einem Distrikt im russischen Uralgebirge.
Quartär Geologen unterteilten Gesteine früher in vier Gruppen: primäre, sekundäre, tertiäre und quartäre, von denen die beiden ersten heute nicht mehr verwendet werden. Tertiär und Quartär bezeichnen die känozoischen Perioden.
Silur Die *Silures* waren ein alter Waliser Stamm, der einst in der Gegend lebte, in der silurische Gesteine zum erstenmal erforscht wurden.
Tertiär siehe Quartär.
Trias hat seinen Namen daher, daß Gesteine dieser Periode in Deutschland in drei getrennte Schichten eingeteilt werden.

Ära	Periode	Epoche	vor Millionen Jahren
Känozoikum	Quartär	Rezent (Holozän)	0.01
		Pleistozän	1.8
	Tertiär	Pliozän	6
		Miozän	22.5
		Oligozän	38
		Eozän	55
		Paläozän	65
Mesozoikum	Kreidezeit		141
	Jura		195
	Trias		230
Paläozoikum	Perm		280
	Karbon		345
	Devon		395
	Silur		435
	Ordovizium		500
	Kambrium		570

Das Präkambrium reicht bis zur Entstehung der Erde vor 4600 Millionen Jahren zurück.

Pflanzen- und Tierleben

Der neuzeitliche Mensch entstand und mit ihm die Zivilisation.	
Eiszeit auf der nördlichen Halbkugel. Behaarte Säugetiere überleben die Kälte.	
Auftauchen von ›Affen-Menschen‹. Viele große Säugetiere sterben bei zunehmender Kälte aus.	
Viele Affen in Afrika. Säugetierherden weideten auf sich ausdehnenden Grasflächen.	
Erste Affen. Viele neuzeitliche Säugetiere entwickelten sich. Ausbreitung von Blütenpflanzen.	
Eigenartige Säugetiere, Pferde und Elefanten. Pflanzen meist neuzeitlicher Art.	
Rasche Evolution von Säugetieren nach dem Aussterben der meisten Reptilien.	
Dinosaurier und viele andere Reptilien starben am Ende der Periode aus. Ammoniten verschwanden. Erste Blütenpflanzen.	
Dinosaurier beherrschten das Land. Fliegende Reptilien. Erste Vögel. Viele Ammoniten. Einige kleine Säugetiere.	
Erste Dinosaurier und große Meeresreptilien. Erste Säugetiere. Viele Ammoniten. Entwicklung von Zykaden und Bennettitatea. Ausbreitung von Koniferen. Üppige Wälder.	
Zunahme von Reptilien. Amphibien verlieren an Bedeutung. Aussterben der Trilobiten. Primitive Koniferen und Gingkos.	
Zunahme der Amphibien. Erste Reptilien. Bärlappgewächse, Farne, Schachtelhalme in kohlebildenden Sümpfen.	
Das Zeitalter der Fische (Knochen- und Knorpelfische). Entwicklung der Amphibien. Zunahme von Landpflanzen.	
Riesige Panzerfische. Erste Land-/Sumpfpflanzen. Große Seeskorpione – Schrecken d. Meere.	
Erste Vertebraten (kieferlose Fische). Viele Graptolithen und Trilobiten. Echinodermen und Brachiopoden breiten sich aus.	
Sehr viele Fossilien. Graptolithen, Trilobiten, primitive Schalentiere, Korallen, Krustentiere, etc.	
Begann das Leben vor 4000 Millionen Jahren? Die ältesten bekannten Fossilien sind Figtree-Kieselschiefer (3.1 Milliarden Jahre) und Stromatolithen (2.800 Milliarden Jahre). Aber Fossilien sind selten – wahrscheinlich weil die Lebewesen alle einen weichen Körper besaßen.	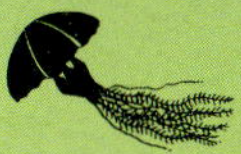

Oben: Baron Cuvier, der Begründer der Paläontologie (des Studiums der Fossilien).

Unten: Fossile Ammoniten und Korallen, gezeichnet von Robert Hooke.

Unten rechts: Ein fossiler Fisch aus dem Tertiär. Die Wissenschaftler Hooke, Bonnet und Cuvier glaubten, daß solche Fossilien nach einer großen Katastrophe, etwa der biblischen Sintflut, entstanden wären.

Fossilien und Leben

Sobald das Verständnis über die Natur von Fossilien vorhanden war, erwachte die Neugier, warum die meisten fossilen Tiere und Pflanzen heute nicht mehr existieren. Viele Jahre herrschte die Meinung vor, daß sie durch die biblische Sintflut vernichtet wurden. Der englische Physiker Robert Hooke (1635–1703) war dagegen der Ansicht, Erdbeben hätten die alten Lebensräume zerstört.

Katastrophen

Charles Bonnet (1720–1793), ein Schweizer Naturforscher, stellte die *Katastrophentheorie* auf. Er glaubte, daß Katastrophen, wie sie in der Erdgeschichte von Zeit zu Zeit auftraten, die Ursache von Fossilien seien. Bonnet benutzte als erster den Begriff *Evolution*. Aber im Gegensatz zur heutigen Wissenschaft glaubte er, daß sich die Lebensformen nach jeder Katastrophe durch Fortschreiten auf der Evolutionsleiter veränderten.

Der französische Zoologe Baron Georges Cuvier (1769–1832) arbeitete an der Klassifizierung von Tieren und Pflanzen, einschließlich der Fossilien. Er glaubte an vier Hauptkatastrophen, deren letzte die biblische Sintflut war. Nach Cuviers Tod rechneten seine Schüler mit 27 Katastrophen.

Charles Darwin, oben, verbrachte fünf Wochen auf den Galapagos-Inseln im Pazifik. Dabei sah er viele einzigartige Tierarten wie den oben links abgebildeten Seeleguan. Darwin zog den Schluß, daß sie von Tieren abstammten, die aus Südamerika gekommen waren. Diese Tiere hatten sich durch Evolution allmählich verändert. Der Geologe Sir Charles Lyell, unten, unterstützte Darwin.

Schrittweise Evolution

Wissenschaftler stellten fest, daß Fossilien von einer Periode oder Epoche zur nächsten Veränderungen aufweisen. Deshalb wandten sie sich der Theorie einer allmählichen Evolution zu. Jean Lamarck (1744–1829), ein französischer Naturforscher, äußerte als erster, daß sich Merkmale von Tieren von einer Generation zur nächsten ändern könnten. Er glaubte, ein Tier könne in seinem Leben neue Eigenschaften erwerben und diese an seine Nachkommenschaft weitergeben. Aber seine Theorie paßte nicht auf alle bekannten Merkmale.

Die beiden britischen Naturforscher Charles Darwin (1809–1882) und Alfred Wallace (1823–1913) stellten die moderne *Evolutionstheorie* auf. In den 1830er Jahren besuchte Darwin die Galapagos-Inseln im Pazifik. Dabei kam er aufgrund der dort einzigartigen Tierbevölkerung zu der Ansicht, daß sich Tiere und Pflanzen über viele Generationen hinweg allmählich verändern. Er nannte diesen Vorgang *natürliche Auslese* (siehe Seite 32). Wallace hatte zur gleichen Zeit den gleichen Gedanken. 1859 veröffentlichten die beiden Wissenschaftler ihre Theorie. Sie wurden von dem schottischen Geologen Sir Charles Lyell (1797–1875) unterstützt, der auch das Werk von James Hutton an die Öffentlichkeit gebracht hatte (siehe Seite 16).

Fossile Beweise für die Evolution

Darwins Evolutionstheorie besagt, daß sich moderne Lebensformen aus dem Tier- und Pflanzenleben der Vergangenheit entwickelt haben. Zur Erhärtung dieser Theorie können nur fossile Beweise hinzugezogen werden. Darwin nahm an, daß sich allmähliche Veränderungen über viele Generationen hinweg vollzogen. Zur Prüfung seiner Theorie müssen wir eine Reihe von Fossilien untersuchen, die die allmähliche Evolution eines Tiertyps in einen anderen zeigen.

Die Evolution des Pferdes

Ein bekanntes Beispiel der Evolution ist die Entwicklung des Pferdes. Geologen haben fossile Überreste gefunden, nach denen sich die Vorfahren des heutigen Pferdes bis ins Eozän vor 55 Millionen Jahren zurückdatieren lassen. Die wesentlichen Veränderungen vollzogen sich bei der Größe des Tieres und dem Aufbau seiner Unterbeine und Zähne.
Das kleine, hundeähnliche *Eohippus* oder *Hyracotherium* lebte zu Beginn des Eozäns, vermutlich in Wäldern. Es hatte eine Schulterhöhe von etwa 30 Zentimetern. Seine Backenzähne besaßen niedrige Kronen, die zum Kauen von Blättern, aber nicht zum Zermahlen von Gras geeignet waren. Es hatte vier Zehen an den Vorder- und drei an den Hinterfüßen. Andere

Die wesentlichen Veränderungen bei der Evolution des Pferdes: die Zehen wurden weniger, die Zähne änderten ihre Form, die Körpergröße nahm erheblich zu. *Eohippus*, das vierzehige, terriergroße Pferd des Eozäns wirkt winzig im Vergleich zu seinem Nachfahren *Hypohippus* aus dem Pliozän.

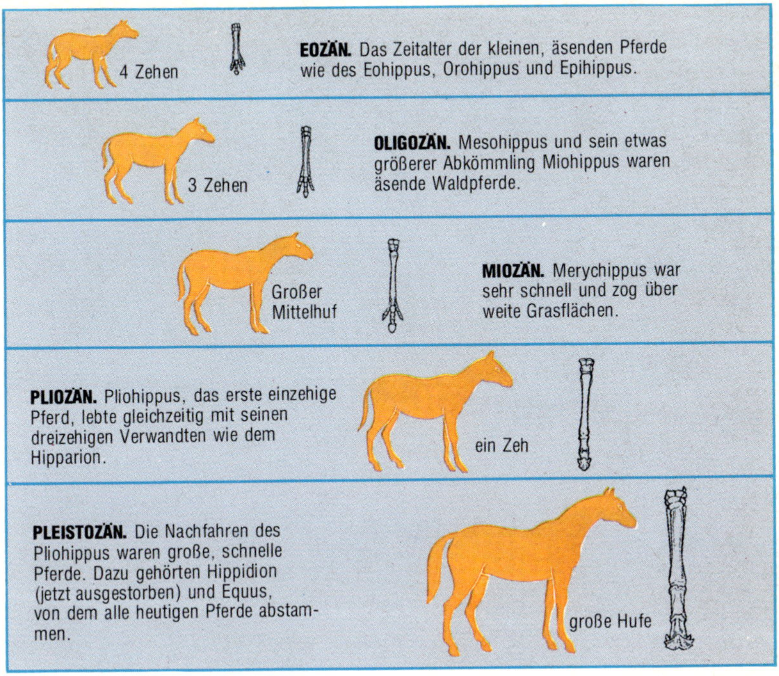

Pferde aus dem Eozän sahen ähnlich aus. *Orohippus*, aus dem mittleren Abschnitt, war der Vorfahr des späteozänen *Epihippus*.

Im Oligozän traten die ersten Veränderungen auf. Die Vorderfüße des *Mesohippus* hatten nur drei Zehen, und seine Hinterbeine waren länger als die des *Eohippus*. Seine Backenzähne waren immer noch niedrig, aber die Zähne vor ihnen waren bereits backenzahnähnlich. *Miohippus* oder *Anchitherium*, der direkte Nachkomme des *Mesohippus*, war ein spätoligozänes Pferd. Es war der Vater verschiedener Arten im Miozän. Die meisten miozänen Pferde waren äsende, im Wald lebende Tiere. Aber eines, *Merychippus*, wies Unterschiede auf. Es hatte immer noch dreizehige Füße, aber der mittlere Zeh war viel länger als die anderen, so daß das Pferd nur auf diesem einen Zeh lief. Gleichzeitig hatten seine Zähne große, hohe Kronen, die zum Zermalmen von Gras geeignet waren. *Merychippus* war das erste Pferd, das über die weiten Grasflächen Nordamerikas zog.

Im Pliozän entwickelte sich die Pferdefamilie in viele verschiedene Arten weiter. *Hypohippus*, ein dreizehiges Waldpferd, das sich aus dem *Mesohippus* entwickelt hatte, starb in der Mitte des Pliozäns aus. Aber die Nachfahren des Merychippus entwickelten sich weiter zu kleinen, gazellenähnlichen Pferden wie *Calippus* und *Nannipus* und zum größeren *Hipparion* und *Neohipparion*. Diese dreizehigen Tiere starben mit dem Ende des Pliozäns aus.

Pliohippus war das erste einzehige Pferd. Seine beiden anderen Zehen sind noch als Wadenbeine beim heutigen Pferd erkennbar. Die Nachkommen des *Pliohippus* entwickelten sich zum *Hippidion,* einem jetzt ausgestorbenen Pferd aus dem Pleistozän, und zum *Equus,* dem heutigen Pferd. Zur Familie des *Equus* gehören Pferd, Esel und Zebra. Sie haben lange, einzehige Beine, mit denen sie sehr schnell laufen können, und große hochkronige Zähne, die zum Zermalmen von Gras geeignet sind.

Andere fossile Nachweise

Die Fossilien von Pferden zeigen, wie die Evolution fortschritt. Auch für die Entwicklung ganzer Tiergruppen existieren fossile Beweise. So wissen wir zum Beispiel, daß sich die Säugetiere aus Reptilien entwickelt haben. Geologen haben Fossilien von säugetierähnlichen Reptilien in Gesteinen aus dem Perm und der Trias gefunden. Jüngere Gesteine weisen Säugetierfossilien mit reptilen Zügen auf. Durch das Studium solcher Fossilien konnten Wissenschaftler in groben Zügen den Verlauf der Säugetierevolution aus Reptilien nachvollziehen. Der Kasten unten zeigt, wie sich die Anordnung der Zähne bei Säugetieren über die Jahrmillionen der Evolution verändert hat.

Andere Fossilien zeigen Entwicklungsverwandtschaften zwischen Tiergruppen auf. Die gelappt-flossigen Fische des Devons lassen auf eine Ahnschaft der Amphibien schließen. Die Verwandtschaft von Amphibien und Reptilien zeigt sich an *Seymouria,* einem permischen Reptil mit mehreren amphibischen Merkmalen. Auch *Archaeopteryx,* ein primitiver Vogel, hatte viele reptile Züge (siehe gegenüberliegende Seite).

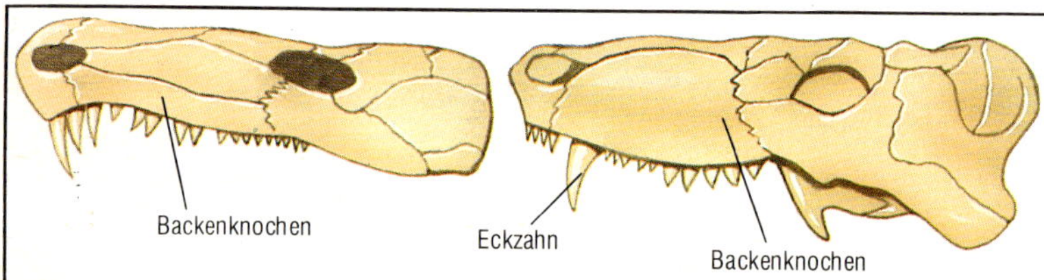

Als sich die Säugetiere aus den Reptilien entwickelten, kam es zu vielen Veränderungen des Schädels und der Zähne. Reptilien wie der paläozoische *Limnoscelis,* oben, hatten einfache, konische Zähne, die an einem kleinen Backenknochen im Oberkiefer angebracht waren. *Cynognathus,* oben rechts, war ein triassisches, säugetierähnliches Reptil mit deutlich ausgebildeten Eckzähnen. Seine hinteren Zähne waren differenzierter als die des *Limnoscelis,* und sein Backenknochen war erheblich größer. Heutige Hunde, rechts, haben große, kräftige Eckzähne, die in einem großen Backenknochen lagern. Die dahinter liegenden Zähne dienen dem Kauen.

Oben: Die Rekonstruktion des *Archaeopteryx,* der im Jura lebte, basiert auf Erkenntnissen durch Fossilfunde. Diese Funde weisen darauf hin, daß sich Vögel aus Reptilien entwickelt haben. *Archaeopteryx* war eindeutig ein Vogel, denn Abdrücke, rechts, zeigen, daß sein Körper mit Federn bedeckt war. Er konnte fliegen, wenn auch vermutlich nicht gut, da er kein starkes Brustbein zur Unterstützung seiner Flügelmuskeln hatte. Trotzdem besaß *Archaeopteryx* viele Merkmale von Reptilien. Er hatte Schuppen auf dem Kopf und Zahnreihen im Schnabel. Drei kleine Klauen, die er wahrscheinlich zum Klettern benützte, wuchsen an seinen Flügeln. Dazu hatte sein Schwanz eine lange Knochenreihe in der Mitte – wie der Schwanz einer Eidechse.

Der Stammbaum der Evolution

Amphibien
Reptilien
Vögel
Coniferen
Ginkgos
Bennettitales
Säugetiere
Blütenpflanzen
Moose und Leberblümchen
Knochenfische
Farne
Zykaden
Cordaitales
Panzerfische
Psiloten
Samenfarne
Psilophyten
Lycophyten
anzen
Blau- und Grünalgen
Pilze
Algen

Bis vor rund 100 Jahren waren alle europäischen Birkenspanner schwarz und weiß gesprenkelt. Sie saßen auf Baumflechten, wo ihre Tarnung sie vor Vögeln schützte. Gelegentlich schlüpften auch dunkelgraue Exemplare aus. Ohne Tarnung wurden sie bald von den Vögeln erspäht und gefressen. Beide Arten sind auf der unteren Abbildung auf einem Baumstamm zu sehen.
Im 19. Jahrhundert begannen Rauch und Ruß aus den Fabriken die Bäume in den Industriegebieten zu überziehen. Als Folge waren die hellfarbenen Insekten leichter zu sehen, und die dunkleren nahmen zu. Die hellere Abart ist mancherorts bereits sehr selten, weil die natürliche Auslese gegen sie wirkt.

Natürliche Auslese

Charles Darwin entdeckte auf den Galapagos-Inseln viele ungewöhnliche Lebensformen. Da sie sich von denen auf dem südamerikanischen Kontinent unterschieden, machte er sich Gedanken über den Ablauf der Evolution. Schließlich legte er seiner Theorie den Gedanken der *natürlichen Auslese* zugrunde.
Darwin stellte fest, daß ein Tier mit Merkmalen geboren werden kann, die ihm einen Vorteil vor anderen Tieren in gleicher Umgebung verschaffen. Dieses Tier besitzt dann größere Überlebenschancen. Die Natur ›wählt‹ sozusagen dieses Tier aus zum Überleben, und damit werden nützliche Merkmale von einer Generation zur nächsten weitergegeben. Ungünstige Merkmale erschweren einem Tier das Überleben, so daß es ausstirbt.

Der lange Hals der Giraffen

Auch Jean Lamarck war der Ansicht, daß Merkmale von einer Generation zur nächsten weitergegeben werden können. Aber sein Erklärungsansatz war falsch. Er nahm zum Beispiel an, Giraffen hätten darum einen langen Hals, weil frühere Generationen

Das Aussterben von Arten

Das Aussterben einer Tierart ist kein widernatürlicher oder ungewöhnlicher Vorgang. Die meisten Tiere und Pflanzen, die vor Millionen von Jahren lebten, sind heute ausgestorben. Gerade das Verschwinden der Dinosaurier machte ja jenen Aufstieg der Säugetiere möglich, der schließlich zur Entstehung des Menschen führte. Nur sterben heute viele Tiere deshalb aus, weil der Mensch ihren Lebensraum zerstört. Hier ist es Aufgabe des Naturschutzes und der Umweltgesetze, bedrohten Tieren und Pflanzen durch Erhaltung der natürlichen Umwelt das Überleben zu ermöglichen.

ihren Hals gestreckt hatten, um höhere Äste zu erreichen. Darwin setzte dagegen, daß einige der früheren Giraffen mit längeren Hälsen geboren wurden und damit höhere Zweige erreichen konnten. Da sie dadurch mehr Futter bekamen als Giraffen mit kürzeren Hälsen, waren ihre Überlebenschancen größer. So wurde das Merkmal des langen Halses späteren Generationen weitervererbt.

Natürliche Auslese heute

Evolution und natürliche Auslese gehen auch heute weiter. Ein gutes Beispiel für heutige Auslese ist der Birkenspanner (siehe Seite 32). Aber die Auslese über eine kurze Zeitspanne von 100 Jahren bringt nur neue Abarten hervor, die untereinander gekreuzt werden können. Die Entwicklung neuer Tier- und Pflanzenarten, die nicht gekreuzt werden können, kann Tausende, ja Millionen von Jahren dauern.

Durch natürliche Auslese passen sich Tiere ihrer Umgebung oder einer besonderen Lebensform an. Die vier Arten dieses tropischen Singvogels, oben, behindern sich gegenseitig nicht, da ihre Schnabelformen verschiedenartigem Nahrungsangebot angepaßt sind. Die Vögel ernähren sich von Nektar (oben links, unten rechts), Insekten (oben rechts) und Nüssen (unten links).

Unten: *Thylacosmilus* war ein äußerst wildes Beuteltier. Doch wie viele Beuteltiere war es den echten Säugetieren unterlegen. So starb es, durch natürliche Auslese, gegen Ende des Oligozäns aus.

Fossilien und die Kontinentalverschiebung
Das Studium der Fossilien brachte verschiedene Rätsel mit sich. So haben Geologen Fossilien bestimmter Pflanzen und Tiere, wie Korallen und Reptilien, in Gegenden gefunden, in denen es jetzt zu kalt für ähnliche neuzeitliche Arten ist. Das beweist, daß in vielen Gegenden einst ein anderes Klima geherrscht haben muß. Ebenso rätselhaft war die Entdekkung, daß im späten Karbon und frühen Perm dicke Eisschollen die Antarktis, Teile von Südamerika, Südafrika, Indien und Australien bedeckten. Nach einer Theorie werden die unterschiedlichen klimatischen Bedingungen in der Vergangenheit mit einer Lageveränderung der Kontinente erklärt. Doch wie sollen sich Kontinente verschieben?

Beweise für die Kontinentalverschiebung
In jüngster Zeit haben Wissenschaftler viele Hinweise darauf gefunden, daß sich die Kontinente langsam um die Erdoberfläche bewegen. Untersuchungen des Meeresbodens führten zur Entdeckung von Bergketten, den *mittelatlantischen Rücken* (siehe Abbildung unten). Ein Rücken verläuft nordsüdlich mitten durch den Atlantischen Ozean.
Entlang dieses Rückens kommt es zu Vulkantätigkeit und Erdbeben. Island im Norden gehört zu dem Teil des Rückens, der über dem Meeresspiegel liegt. Man stellte fest, daß im Zentrum von Island ständig neues Vulkangestein angelagert wird. Dieses neue Gestein vergrößert die Insel. Ähnliches spielt sich entlang des ganzen mittelatlantischen Rückens ab. So driften die beiden amerikanischen Kontinente etwa 2 Zentimeter im Jahr von Europa und Asien weg. Zwei Zentimeter sind nicht viel. Aber wenn man sich vorstellt, daß diese Bewegung seit Millionen von Jahren andauert, erkennt man, daß sich Kontinente über weite Entfernungen bewegen können.
Die Wissenschaft ist heute der Ansicht, daß es im Perm und in der Trias nur eine einzige, zusammenhängende Landmasse gegeben hat, die sogenannte *Pangäa.* Vor 180 Millionen Jahren begann die Pangäa auseinanderzubrechen. Der nördliche Teil, Laurasia, teilte sich in Nordamerika

und Eurasien. Der südliche Teil, Gondwanaland, teilte sich in Südamerika, Afrika, die Antarktis und Australien auf. Indien gehörte zunächst auch zu Gondwanaland, brach aber ab und schloß sich Asien an. Die Theorie der Kontinentalverschiebung hilft bei der Aufklärung mancher Fossilgeheimnisse (siehe die Karte von Gondwanaland, oben). Sie erklärt, warum Fossilien aus dem Karbon und Perm in Gegenden auftauchen, die jetzt weit voneinander entfernt liegen.

Wissenschaftler rätselten einst über die Tatsache, daß Fossilien der Pflanze *Glossopteris* und von Landtieren wie dem *Mesosaurus* und *Lystrosaurus* in den jetzt getrennten südlichen Kontinenten auftraten. Inzwischen ist man der Ansicht, daß die Landmassen einmal zusammenhingen (siehe oben). Seit 180 Millionen Jahren sind sie in Bewegung, *verschieben* sich.

Links: Die Ozeane erweitern sich, wenn neues Gestein (Magma) aus dem Erdinnern an die unter Wasser liegenden mittelatlantischen Rücken angelagert wird. Dadurch werden die Landmassen allmählich auseinander gedrückt. Stoßen zwei Platten gegeneinander, wird der Rand der einen Scholle in die Kruste der Erde hineingeschoben. Dort schmilzt sie und wird zu Magma. Dieses Magma kann durch Vulkane wieder aufsteigen.

Die Geschichte des Lebens

Als sich unser Planet vor 4500 Millionen Jahren abkühlte, müssen sich aus den Elementen in den warmen Meeren organische Verbindungen gebildet haben. Daraus entwickelten sich allmählich Organismen mit Zellwänden. Die ersten Lebensformen, die fossile Beweise hinterließen, waren die Blau- und Grünalgen vor 3100 Millionen Jahren.

Zu Beginn der kambrischen Periode, vor etwa 570 Millionen Jahren, nahm die Vielfalt tierischen Lebens sehr rasch zu. Das lag zum Teil daran, daß gerade eine Eiszeit beendet war und die Meere wärmer wurden. Fast alle Wirbellosen Tiere haben ihren Ursprung im Kambrium; viele besaßen Hartteile, die als Fossilien erhalten blieben. Die Trilobiten waren damals weitverbreitet, sie prägten auch noch das Ordovizium.

Im Ordovizium vor 500 bis 435 Millionen Jahren gab es wahrscheinlich noch kein Leben auf dem Land. Aber im Meer schritt die Evolution sehr rasch fort. Echinodermen und Brachiopoden waren weitverbreitete Nau-

Rechts: Die Meere der ordovizischen Periode enthielten weiter entwickelte Tiere als die Meere des frühen Kambriums. Große, gestreckte Nautiloiden (1) gab es in reichem Maße. Sie lauerten anderen Meerestieren wie Quallen auf und fingen sie in ihren Fangarmen. Brachiopoden (2) und Echinodermen (3) nahmen an Zahl und Artenreichtum zu. Die Abbildung zeigt auch Korallenkolonien (4), Bryozoen (5), Trilobiten (6) und Grünalgen (7).

Links: Hier sind einige Lebensformen kambrischer Meere dargestellt. Diese Tiere lebten nicht unbedingt genau zur selben Zeit oder am gleichen Ort. Man kann verschiedene Trilobiten und Schwämme (1), Quallen (2), rote Algen (3), *Aysheia,* einen primitiven Arthropoden (4), Brachiopoden (5), Krustentiere (6), Korallen (7), Echinodermen (8) und einen Wurm (9) erkennen.

tiloiden. Die Nautiloiden entwickelten sich später zu Ammoniten. Zur selben Zeit erschienen kieferlose Fischarten, die ersten Wirbeltiere, die zu Fossilien wurden. Aber vor ihnen müssen bereits weiche, knorpelartige Wirbeltiere gelebt haben, die sich zu silurischen und devonischen Fischarten entwickelten.

Präkambrische, kambrische und ordovizische Gesteine

Viele präkambrische Gesteine liegen unter später entstandenen Gesteinen verborgen. Einige an die Oberfläche getretene Schollen, sogenannte *alte Schilde,* finden sich in Afrika, Australien, Kanada und Skandinavien. Im Kambrium bedeckten flache Meere weite Gebiete, und auf allen Kontinenten bildete sich kambrisches Gestein aus. Die vollständigsten Schichten finden sich in Südskandinavien, Sibirien und im westlichen Nordamerika. Ordovizische Gesteine treten hauptsächlich auf der nördlichen Halbkugel auf.

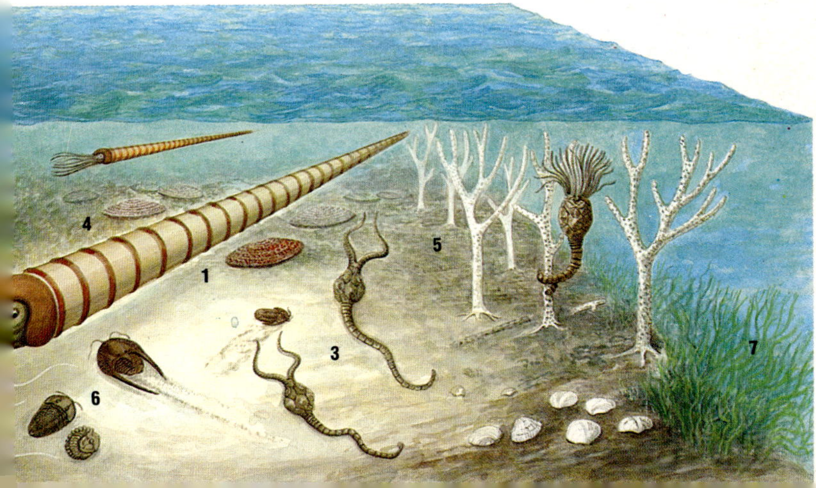

Vom Wasser aufs Land

Während der silurischen Periode vor 435 bis 395 Millionen Jahren entwickelten sich mehrere furchterregende Meerestiere; darunter riesige Meeresskorpione oder Eurypteriden, frühe Verwandte unserer heutigen Königskrabben, Spinnen und Skorpione. Die Fische der devonischen Meere waren groß und gepanzert. Der Panzer schützte vermutlich vor den gefährlichen Seeskorpionen. Manche Panzerfische waren riesengroß, der *Dinichthys* zum Beispiel über neun Meter lang. In seiner Maulhöhle hätte ein Mensch aufrecht stehen können.

In den späten silurischen und frühen devonischen Perioden begannen Pflanzen das Land zu besiedeln. Sumpfpflanzen wie *Rhynia, Cooksonia, Barawagnathia* und *Zosterophyllum* wuchsen an Seeufern. Die übrige Landfläche war vermutlich unbewachsen. Vielleicht existierten einige Pilze und Moose, doch gibt es von ihnen keine Fossilien. Im späteren Abschnitt der devonischen Periode entwickelten sich komplexere Pflanzen wie *Drepanophycus* und *Protolepidodendron.*

Das Devon, vor 395 bis 345 Millionen Jahren, wird oft auch als ›Zeitalter der Fische‹ bezeichnet. In den Meeren lebten noch viele kieferlose und gepanzerte Fische. Gleichzeitig entwickelten sich Knorpel- (Haie und Rochen) und Knochenfische. Diese frühen Arten bildeten eher kleine Gruppen. Knochenfische lebten vor allem in kleinen Süßwasserseen; mit dem Aussterben der gepanzerten und kieferlosen Fische eroberten die Knochen- und Knorpelfische dann auch die Meere.

Von den Fischen zu den Amphibien

Die Quastenflosser waren eine wichtige devonische Gruppe der Knochenfische. Viele besaßen Lungen und konnten damit das Land aufsuchen. Einige Quastenflosser entwickelten sich zu Amphibien, andere zu den heutigen Coelacanthen (siehe Seite 8) und Lungenfischen. Die ersten echten Amphibien hatten sich bis zum Ende des Devons entwickelt.

In der silurischen und devonischen Periode bedeckten Meere Teile von Nord- und Südamerika sowie Eurasien, Nordafrika, Ostaustralien und ei-

nen großen Teil Neuseelands. Wichtige silurische Aufschlüsse findet man in den nördlichen und westlichen britischen Inseln bis Skandinavien.
Devonisches Gestein wurde nach an die Oberfläche getretenen Schichten (Aufschlüssen) in Devon, England, benannt. Aber wichtigere, fossilreiche Ablagerungen finden sich in den Ardennen in Belgien und in Teilen Norddeutschlands.

Oben: Landschaft im frühen Devon. Die größeren Pflanzen sind *Zosterophyllum,* die kleineren im Vordergrund *Cooksonia.*

Unten: Bild aus dem späten Devon. Ein ausgewachsener Quastenflosser, *Eusthenopteron,* links, war wahrscheinlich zu schwer, um an Land zu kriechen; den jüngeren im Hintergrund fiel es wahrscheinlich leichter. Quastenflosser, die überlebten und sich fortpflanzten, vererbten diese amphibische Eigenschaft an die nächste Generation.
Auf diesem Weg könnten sich primitive Amphibien wie der *Ichthyostega,* rechts, entwickelt haben.

Die Eroberung des Festlandes

Um die Mitte des Karbon vor 345 bis 280 Millionen Jahren hatten sich Pflanzen und Tiere auf dem Land ausgebreitet. Üppige, dichte Dschungel riesiger Kolbenmoose und Farne zogen das lebensnotwendige Wasser aus dem sumpfigen Erdboden.

Die meisten der größeren Tiere waren Amphibien. Aber es gab auch zahlreiche Insekten. Riesige Libellen, Schaben, Tausendfüßler, Spinnen und Skorpione schwärmten in den Zweigen der Bäume und im Unterholz. Bis zum Ende des Karbon hatten die meisten Amphibien kräftige Beine zum Laufen entwickelt. Aber sie eroberten das Land niemals wirklich. Sie mußten ihre Körper feucht halten und zum Laichen ins Wasser zurückkehren. In der Zwischenzeit entwickelten sich die ersten Reptilien.

Zu Beginn des Perm gab es echte Reptilien. Sie legten Eier mit harten Schalen und kehrten zur Brutpflege nicht ins Wasser zurück. Am häufigsten waren die Cotylosaurier oder *Stammreptilien*. Sie entwickelten sich im spä-

ten Karbon und waren die Ahnen verschiedener anderer Gruppen. Im Perm vor 280 bis 230 Millionen Jahren dominierten die Pelycosaurier. Zu diesen großen, schwerfälligen Tieren gehörten auch *Dimetrodon* und *Edaphosaurus*. Einige waren Fleischfresser, andere fraßen Pflanzen. Später entwickelten sie sich zu den Therapsiden, großen, säugetierartigen Reptilien. Sie waren die Vorfahren der echten Säugetiere, deren Erscheinen erstmals im Jura nachgewiesen ist.

Gesteine aus dem Unterkarbon, vor allem Kalkstein, sind auf der nördlichen Erdhalbkugel sehr häufig. Zu oberen karbonischen Gesteinen zählen Kohlenablagerungen in Nordamerika, Westeuropa und der UdSSR. Gesteine aus dem Perm, erstmals in Rußland untersucht, treten auch im westlichen Nordamerika und in einem Ost-West-Gürtel von Südeuropa bis Indonesien auf.

Eine Landschaft im Karbon (gegenüberliegende Seite) mit feuchten Dschungeln aus Farngewächsen, riesigen Kolbenmoosen und Schachtelhalmen. Spinnen, Skorpione und Insekten wie die riesige Libelle *Meganeura,* lebten zwischen den Pflanzen. In den Sümpfen wohnten Amphibien. Im Perm (auf dieser Seite) wurden die Umweltbedingungen trockener. Die Dschungel verschwanden allmählich, und Riesenamphibien wie das *Eryops,* rechts unten, starben aus.

Die Ordnung der Reptilien

Während der Trias vor 230 bis 195 Millionen Jahren starben die meisten säugetierartigen Reptilien aus. Andere Reptiliengruppen beherrschten das Land. Die gesamte mesozoische Ära, von der Trias- bis zur Kreideperiode, wird oft auch ›Zeitalter der Reptilien‹ genannt.

Im Meer entwickelten sich die wirbellosen Tiere immer noch weiter, doch gleichzeitig übernahmen zwei Reptiliengruppen die Vorherrschaft: Ichthyosaurier und Plesiosaurier. Die Ichthyosaurier waren fischähnliche, nach Form und Lebensweise den heutigen Delphinen verwandte Reptilien, die Plesiosaurier konnten über 12 Meter groß werden. Einige hatten lange, biegsame Hälse, sie machten die Hälfte ihrer Gesamtlänge aus. Andere, die Pliosaurier, hatten kurze Hälse und große, kräftige Kiefer, mit denen sie sogar andere Reptilien packen konnten.

In den Meeren der Trias lebten auch frühe Schildkröten. Auf dem Land tummelten sich ihre Verwandten, die Landschildkröten, zusammen mit den Vorfahren der heutigen Eidechsen und Schlangen. Aber die vorherrschenden Reptilien der Trias waren die Thecodonten – Vorfahren der Dinosaurier, Pterosaurier, Krokodile und Vögel.

Die Entwicklung all dieser Gruppen hatte vermutlich gegen Ende der Trias ihren Anfang genommen. Aber Fossilienfunde von Vögeln existieren erst aus der mesozoischen Ära. Krokodile wie das *Protosuchus* waren zahlreich, ebenso wie seine nahen Verwandten, die Phytosaurier, zum Beispiel das *Rutiodon.* Die Phytosaurier starben gegen Ende der Trias aus. Die frühen Dinosaurier wie *Coelophysis* waren klein im Vergleich zu

Unten: Die zunehmende Zahl von Fischen und Tintenfischen in den Meeren der Trias stellte eine ergiebige Nahrungsquelle für die langhalsigen Plesiosaurier und die delphinähnlichen Ichthyosaurier dar. Einige Ichthyosaurier ernährten sich von ebenfalls reichlich vorhandenen Muscheln und Schnecken.

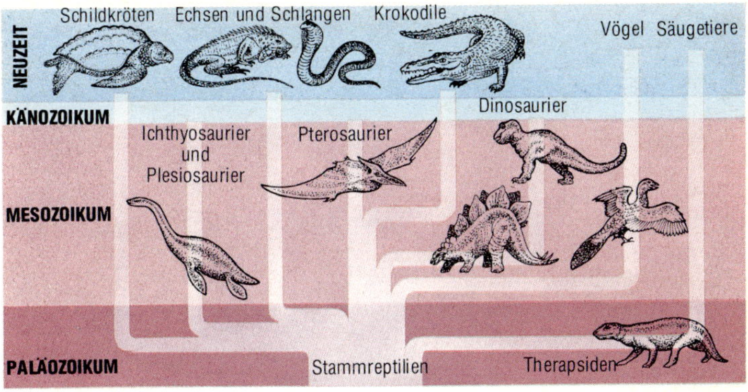

Oben: Ein vereinfachter Stammbaum der Reptilien. Im Mesozoikum gab es viele Reptiliengruppen. Heute existieren noch drei Hauptgruppen.

den Arten aus dem Jura und der Kreidezeit. Gestein aus der Trias wurde zuerst in Deutschland untersucht; vollständigere Serien findet man in den Alpen. Viele aus der Trias stammende Dinosaurierfossilien wurden in Süddeutschland, Südafrika, Südamerika, Neuengland und Neumexiko in den Vereinigten Staaten gefunden.

Der Aufstieg der Dinosaurier

Während der Juraperiode vor 195 bis 141 Millionen Jahren beherrschten die Dinosaurier (›furchtbare Echsen‹) das Land. Sie müssen furchteinflößende Geschöpfe gewesen sein. Kein Wunder also, daß sich die wenigen, mausähnlichen Säugetiere nicht vermehren konnten.

Unten: Die Landschaften im Jura prägten zapfentragende Pflanzen. Von links nach rechts: Sumpfzypresse; Bennettitatea; Baumfarn; Zykade; *Ginkgo*. Im Vordergrund Farne und Schachtelhalme.

Das Pflanzenleben im Jura hatte sich gegenüber Karbon und Perm beträchtlich verändert. Die Sporenfarne und Cordaitales waren ausgestorben und durch Nadelhölzer, Bennettitatea und Zykaden ersetzt worden. Möglicherweise existierten bereits einige Blütenpflanzen, aber bis zur Kreide gibt es dafür keine fossilen Beweise.
Mehrere pflanzenfressende Dinosaurier lebten von der Vegetation. *Brachiosaurus,* ein 24 Meter langer Riese, fraß wahrscheinlich die obersten Baumblätter. Kleinere Dinosaurier wie der *Camptosaurus* ernährten sich von den unteren Blättern.

In der späten Juraperiode suchte *Allosaurus* (Vordergrund) seine Beute wahrscheinlich unter kleineren Dinosauriern wie dem *Ornitholestes* (links). Im Hintergrund äsen *Camptosaurus* und der langhalsige *Brachiosaurus* an Zykaden. *Stegosaurus* (im Hintergrund rechts) hatte gepanzerte Schuppen und einen stachligen Schwanz. Mit diesen Abwehrwaffen konnte er ohne Angst vor einem Angriff weiden.

Andere wieder, wie der gepanzerte *Stegosaurus,* fraßen Bodenpflanzen. Aber die ›schrecklichsten‹ Dinosaurier waren Fleischfresser. Manche wie der *Ornitholestes* waren ziemlich kleinwüchsig und lebten wahrscheinlich von kleinen Säugetieren und Reptilien. Schon größer war *Megalosaurus,* und zu den größten fleischfressenden Dinosauriern des Jura gehörte *Allosaurus.* Er fand seine Beute unter fast allen Tieren.
Pterosaurier konnten durch die Luft gleiten. Die Flügel eines Pterosauriers wie *Rhamphorhynchus* (Seite 106) bestanden aus Hautlappen zwischen dem Körper und den langen Armen. Aber die Pterosaurier waren keine echten Flugtiere. Im Jura waren die Vögel noch nicht voll entwikkelt. Der reptilienähnliche *Archaeopteryx* (Seite 29) lebte im späteren Abschnitt dieser Periode.
Gesteine aus dem Jura finden sich in allen Kontinenten, am mächtigsten aber sind die Schichten in Nordamerika und Rußland. Meist handelt es sich um Meeresablagerungen. Reiche Funde an Dinosaurierfossilien wurden in Nordamerika und Ostafrika gemacht. Das erste Fossil des *Archaeopteryx* wurde in Deutschland gefunden.

Der Niedergang der Dinosaurier

Die Dinosaurier aus der Kreidezeit vor 141 bis 65 Millionen Jahren waren fremdartiger als jede frühere Art. Zu ihnen gehörten straußenähnliche Dinosaurier wie *Ornithomimus* und *Oviraptor*, mit einem Kopfwulst versehene Arten wie *Lambeosaurus* und *Corythosaurus* sowie gehörnte Dinosaurier wie *Protoceratops* und *Triceratops*.

Gleichzeitig lebten auch der riesige, pflanzenfressende *Iguanodon* und *Tyrannosaurus*, der größte und wildeste Raubsaurier.

Aber trotz ihrer Vorherrschaft in der Kreidezeit waren die Dinosaurier schon zu Beginn des Tertiärs ausgestorben. Die Wissenschaft ist sich über die Ursache noch nicht im klaren. Klimaveränderungen könnten die Vegetation und damit die Nahrungsquelle der Dinosaurier beeinflußt haben, wobei sich die Tiere den neuen Bedingungen nicht anpassen konnten. Plesiosaurier und Ichthyosaurier, die zusammen mit den Mosasauriern in den Meeren der Kreidezeit lebten, waren bis zum Ende dieser Periode ebenfalls ausgestorben.

In der Kreidezeit bestand die Hauptgruppe der Dinosaurier aus den eigenartigen, mit einem Kopfwulst versehenen Hadrosauriern wie dem *Lambeosaurus*, Mitte. Sie lebten gleichzeitig mit kleineren Dinosauriern wie dem *Ornithomimus*, Hintergrund rechts, dem Pterosaurier *Pteranodon*, rechts, Krokodilen, Eidechsen und Schildkröten. Kleine, mausähnliche Säugetiere ernährten sich wahrscheinlich von Insekten.

Auch die Ammoniten, die während der gesamten mesozoischen Ära so häufig waren, starben gegen Ende der Periode aus.
Mit dem Auseinanderdriften der Kontinente in der Kreidezeit breiteten sich Flachmeere über weite Teile Nordamerikas, Eurasiens, die Ränder Afrikas und Südamerikas und Mittelaustraliens aus. In Südostengland, Frankreich, den Niederlanden und der Schweiz gibt es reiche Fossillagerstätten. Auch in Westeuropa, Argentinien, der Mongolei, Nordamerika und Spitzbergen machte man bedeutendere Dinosaurierfunde.

Das Zeitalter der Säugetiere

Zu Beginn der tertiären Periode vor 65 Millionen Jahren hatten sich alle heutigen Säugetiere entwickelt. Die Evolution der wirbellosen Fische, Amphibien und Reptilien schritt noch fort, auch wenn einige Mitglieder dieser Gruppe später wieder ausstarben. Aber den größten Schritt in ihrer Entwicklung machten Vögel und Säugetiere.

Zu Lebzeiten der Dinosaurier entwickelten sich die Säugetiere kaum weiter. Aber im Tertiär bekamen sie ihre ›Chance‹. Alle Lebensräume und Nahrungsmittel, die einst ›Eigentum‹ der Dinosaurier gewesen waren, standen ihnen jetzt zur Verfügung. Eine wesentliche Nahrungsquelle stellten die nunmehr zahlreicher werdenden Arten der Blütenpflanzen dar. Im mittleren Tertiär bildeten die blühenden Pflanzen die Hauptvegetationsform.

Die mausähnlichen, insektenfressenden Säugetiere der Kreide entwickelten sich sehr schnell. Gegen Ende des Paläozäns (vor 55 Millionen Jahren) gab es 28 verschiedene Säugetierarten. Jede besetzte ihren eigenen Lebensraum oder ernährte sich von anderen Nahrungsmitteln.

Im Eozän und Oligozän vor 55 bis 22 1/2 Millionen Jahren vermehrten sich die Säugetiere stark. Einige jedoch, wie die Condylarthen, etwa der *Phenacodus*, waren Ende des Eozän (vor 38 Millionen Jahren) ausgestorben. Die unheimlich aussehenden Uintatheres und Baluchitheres starben gegen Ende des Oligozäns aus. Zu Beginn der miozänischen Epoche gab es nur noch 20 Säugetierarten.

Im frühen Tertiär bedeckten dichte Wälder einen großen Teil des Festlandes. Aber im Miozän, vor 22 1/2 bis 6 Millionen Jahren, wurden die Wälder kleiner. Im Pliozän bedeckten Grasflächen weite Gebiete. Riesige Herden pflanzenfressender, behufter Säugetiere, wie die dreizehigen Pferde, Mastodonten und Antilopen, wanderten über die Ebenen.
Während des Pliozäns vor 6 bis 1,8 Millionen Jahren starben zwei weitere Säugetiergruppen, die Litopternen und die Notoungulata aus. Damit blieben 18 Säugetierordnungen übrig. Sie existieren noch heute.
Im Tertiär näherten sich die Kontinente allmählich ihrer jetzigen Lage. In interkontinentalen Senken wie dem Mississippi-, dem Londoner und dem Pariser Becken, bildeten sich bedeutende Meeresablagerungen. Süßwasserablagerungen findet man in Zentralasien.

In Nordamerika lebten im Oligozän viele Säugetiere. Zwei mächtige Exemplare des *Brontotherium* beherrschen dieses Bild. Rechts von ihnen äsen zwei Riesenschweine, Archaeotherium, bewacht vom Säbelzahntiger *Hoplophoneus.* Links beobachtet ein frühes Kaninchen *Palaeolagus* den hundeähnlichen, fleischfressenden *Cynodictis* im Vordergrund. Dahinter drei Gruppen behufter Säugetiere: vier kleine *Leptomeryx,* eine Herde primitiver Kamele *Poebrotherium* und drei frühe Nashörner *Hyracodon* im Hintergrund.

Die Eiszeiten und der Mensch

Wir leben jetzt im Quartär, das vor 1,8 Millionen Jahren begann. Die Evolution wurde zu Beginn dieser Periode durch die Eiszeit einschneidend verlangsamt. Im Plestozän vor 1,8 Millionen bis 10 000 Jahren kam es auf der nördlichen Erdhalbkugel zu vier Kaltzeiten (Glazialen). Zwischen diesen lagen drei Warmzeiten oder Interglaziale, in denen sich das Eis zurückzog. Viele Tiere wanderten nach Süden ab und kehrten nie zurück. Nur Tiere mit einem dicken Fell überlebten.

Die einzige Gattung, die einen Entwicklungsfortschritt machte, war der Mensch. Menschenähnliche Affen wie der *Ramapithecus* hatten sich

schon im Pliozän entwickelt. Mit dem Ende der Eiszeit war die Entwicklung des heutigen Menschen abgeschlossen.
Viele Tierarten starben aufgrund der Eiszeit aus. Viele andere wahrscheinlich deshalb, weil sie vom Menschen gejagt wurden. Heute geht die Zahl der Säugetiere immer noch zurück. In vielen Fällen ist der Mensch daran schuld.
Am meisten weiß man über die Ablagerungen aus dem Pleistozän, die von Eisschollen und Gletschern überdeckt waren (siehe Karte unten). Dazu gehören glaziale Tone, Sande und Schotter. Nach dem Ende der Eiszeit entstandene Gesteine gehören zur Neuzeit oder dem Holozän.

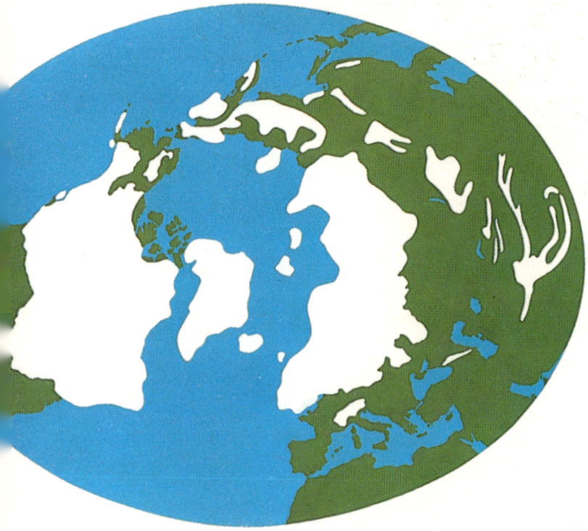

Während der pleistozänen Eiszeit drang das Eis viermal gegen Süden vor. Dazwischen zog es sich in wärmeren Perioden, den sogenannten Interglazialen, immer wieder zurück. Die größte Ausdehnung des Eises ist auf der Karte weiß dargestellt. Viele Säugetiere wanderten während der Eiszeit nach Süden ab und kamen nicht mehr zurück. Die meisten zurückbleibenden Tiere hatten einen dicken Pelz. Dazu gehörten das behaarte Mammut, Nashorn und Rentier. Diese Tiere lebten an den Rändern der Eisflächen. Aber der Mensch jagte sie, bis sie ausstarben.

Klippen sind zur Fossiliensuche am besten geeignet. Man muß nur aufpassen, daß man nicht von der Flut überrascht wird.

Das Sammeln von Fossilien

Fossiliensammeln ist ein faszinierendes Hobby. Manche Sammler besitzen lückenlose Sammlungen aus allen Erdzeitaltern vom Kambrium bis zum Quartär. Andere spezialisieren sich auf nur eine Periode oder Epoche.

Um mit dem Sammeln anzufangen, muß man zunächst die geologischen Verhältnisse des betreffenden Gebietes kennen. Eine entsprechende Karte gibt Lage und Alter der Sedimente an. Man muß Stellen finden, an denen die Gesteine an der Oberfläche liegen. Klippen und Steinbrüche sind am günstigsten. Zum Betreten von Steinbrüchen ist meist eine Genehmigung erforderlich. Höhlen, Straßentunnels, Flußufer und auch frisch ausgehobene Gräben können Fossilien zum Vorschein bringen. Für weitere Informationen über Fossilienvorkommen wendet man sich am besten an das örtliche Museum oder die Bibliothek. Oft kann man auch einer lokalen geologischen Gesellschaft beitreten.

Die Ausrüstung

Fossiliensammler benötigen eine Grundausrüstung. Aber man sollte nie zuviel mitnehmen, sonst wird man zu schnell müde. Eine große Tasche oder ein Rucksack sind Voraussetzung. Dazu braucht man geologischen Hammer, Meißel und Pinsel (siehe Seite 54). Fossilien sind oft zerbrechlich, so daß man viele Behälter mitnehmen sollte. Plastiktüten und Tabakdosen mit Watte eignen sich für kleinere Fossilien. Ferner braucht man Zeitungspapier und Kordel, um größere Funde einzupacken. Nützlich sind auch eine Karte des betreffenden Gebiets, ein Notizbuch zur Aufzeichnung der Funde und Etiketten zu ihrer Beschriftung. Ein Sieb leistet gute Dienste, wenn man kleine Fossilien in Sand oder Ton finden will.

Eine Kamera ist oft von Nutzen, wenn man ein Fossil fotografieren will, bevor man es herauslöst. Fotografien und Zeichnungen von Fossilien, die zu groß sind, um mitgenommen zu werden, können der Sammlung beigefügt werden. Vollständige Fossilien großer Exemplare sind selten. Deshalb sammelt man am besten alle Bruchstücke, die man finden kann. Zu Hause sortiert man sie dann aus und versucht, sie zusammenzufügen.

Was man tun und unterlassen sollte.

○ Immer Nachricht hinterlassen, wohin man geht und wann man zurückkommen will. Wenn möglich, in Begleitung gehen.
○ Nicht auf gefährlich aussehende Klippen klettern. Nach Warnschildern Ausschau halten. Bei Zweifeln einen Ortskundigen fragen.
○ Immer den Grundbesitzer um Erlaubnis bitten, bevor man nach Fossilien sucht.
○ Immer die für den Steinbruch zuständige Stelle um Erlaubnis fragen, bevor man dort nach Fossilien sucht. An Wochenenden wird diese Erlaubnis meist erteilt.
○ Keine Zäune, Gatter oder Anpflanzungen zerstören. Sich an Wege halten und Feldrändern folgen.
○ Sich vom Vieh fernhalten.
○ Alle Gatter wieder schließen.
○ Nie Abfall zurücklassen.

Geologische Karten

Diese vereinfachte geologische Karte macht Angaben über Straßen, Dörfer und Höhenlinien. Von der Kreuzung aus fällt ein Steilhang auf eine Ebene hinab. Die Legende zur Karte zeigt, daß das unten liegende Gebiet (a) aus triassischem Tonschiefer und Mergel besteht. Die geneigten Schichten (b, c und d) sind Tonmergel, mergeliger Sand und Sandstein aus dem niederen Jura. Die Schichten e und f sind Kalksteine aus dem oberen Jura.

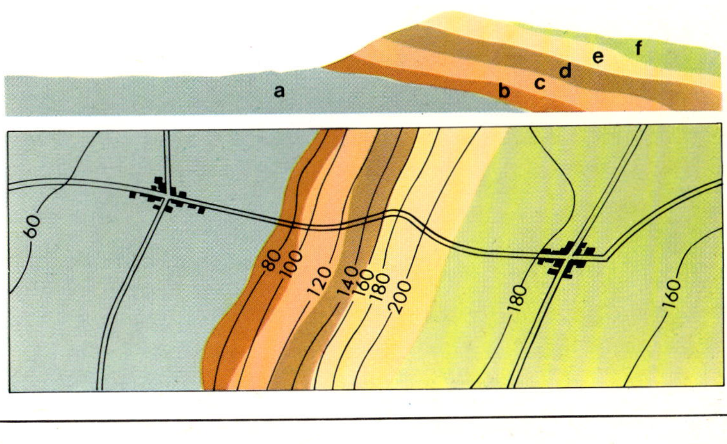

Rechts: Ein Geologe meißelt eine Muschel (Gervillia) aus der Gesteinsoberfläche heraus.

Das Freilegen von Fossilien

Man sollte nie auf Klippen oder steile Wände von Steinbrüchen klettern. Sie könnten gefährlich sein. Auch bei Warnschildern sollte man sich vorsichtig verhalten. Denn oft lösen sich nach schwerem Regen Steine aus der Wand und stürzen herab. Diese Steine und die unteren Klippen- und Steinbruchränder sollte man auf Fossilien untersuchen. Am Meer werden Fossilien oft aus den Gesteinen gewaschen und sammeln sich in Aushöhlungen am unteren Rand großer Felsen an.
Die meisten Fossilien sind in das Gestein eingebettet. Man sollte auf keinen Fall mit dem Hammer auf den Stein einschlagen, denn dabei zerbricht meist das Fossil. Zuerst sollte man die Schichtung untersuchen (das sind die Linien, an denen man erkennt, wie die Sedimente abgelagert wurden). Gestein spaltet sich gewöhnlich entlang dieser Schichtung sauber ab.

Hammer und Meißel

Der gebräuchliche geologische Hammer hat ein flaches und ein scharfes Ende. Ein etwa ein Kilogramm schwerer Hammer ist ein vielseitig verwertbares Werkzeug, aber für feinere Arbeiten sind leichtere Hammer vorzuziehen. Um einen Felsen aufzuspalten, muß man ihn mit dem scharfen Ende oder einem Eck des flachen Endes genau treffen. Jede

Gegenüberliegende Seite: In einem Handstück können verschiedene Fossilien vorkommen. Dieses ›bone bed‹ enthält unter anderem den Gliedknochen eines kleinen Dinosauriers.

Gesteinsart zersplittert auf andere Weise, deshalb sind immer einige Probeschläge ratsam. Manche Hammer haben ein spitzes Ende und können als Hebel oder kleiner Pickel benützt werden, wenn man das Gestein um ein Fossil entfernen will.
Meißel mit einer Klingenbreite zwischen 5 und 0,6 Zentimetern dienen zum Entfernen von Gesteinsstücken oder zum Spalten von Gesteinen. Zusammen mit dem Meißel verwendet man am besten einen schweren, doppelköpfigen Hammer (Fäustel). Man sollte nicht zu nahe am Fossil meißeln, um es nicht zu beschädigen. Wenn möglich sollte man den ganzen Stein mit nach Hause nehmen. Dort kann man sich mehr Zeit zur Freilegung des Fossils nehmen.
Manche Fossilien findet man auch in sogenannten Handstücken (Gesteinstrümmer). Erzhandstücke am Rande von Kohlenminen enthalten oft Fossilien von Fischen und Insekten. Flintsteine sind gelegentlich hohl und können Seeigel oder Schwämme enthalten. Um diese Fossilien freizulegen, muß man das Handstück vorsichtig mit einem kleinen Hammer aufbrechen.

Vorsicht vor Täuschungen
Vorsicht bei Gesteinsformationen, die Fossilien ähneln. Die verzweigten Gebilde *(Dendriten)* in plattigem Kalk werden oft irrtümlich für fossile Zweige oder Insekten gehalten. Auch wenn man auf einen Flintstein schlägt, können die Schockwellen Rippenmuster in seinem Inneren erzeugen, die Trilobiten ähneln.

Das Reinigen von Fossilien
Fossilien kann man auf verschiedene Weise reinigen. Zuerst kratzt und schabt man die unerwünschten Gesteinsreste ab. Dazu kann man zunächst einen Meißel benutzen, später ein Taschenmesser. Für die feinen Schlußarbeiten nimmt man eine Nadel mit Holzgriff.
Auch ein elektrischer Vibrator ist von Nutzen. Seine Geschwindigkeit kann je nach Feinheit der Arbeit geregelt werden. Ein Vibrator spart Zeit und man kann feiner mit ihm arbeiten als mit einem Meißel.

Das Waschen von Fossilien
Bürsten unter fließendem Wasser wäscht Gesteinsarten wie Kreide und Lehm fort. Aber Vorsicht bei gebrochenen Fossilien. Sie können auseinanderfallen und sind dann vielleicht nicht mehr zusammensetzbar. Die Oberfläche von Seeigeln sollte man nicht bürsten oder daran kratzen. Dadurch gehen Oberflächendetails und eventuell vorhandene kleine Tiere wie Korallen, Schwämme und Bryozoen verloren.

Das Arbeiten mit Säure
Säuren kann man benutzen, um Gesteine wie Kreide und Ton zu entfernen. Man verwendet Essigsäure oder Salzsäure. Zuerst sollte man einen Versuch mit Essigsäure machen, da Salzsäure gefährlicher ist. Wie man mit der Säure arbeitet, wird auf der Abbildung dargestellt. Diese Methode eignet sich für fossile Knochen, Zähne und Fische.
Säuren greifen nicht nur Gesteine, sondern auch Haut und Kleidung an. Säurespritzer müssen daher sofort abgewaschen werden. Mit Säure sollte man nur in gut durchlüfteten Räumen arbeiten. Grundsätzlich sind immer nur Glas- oder

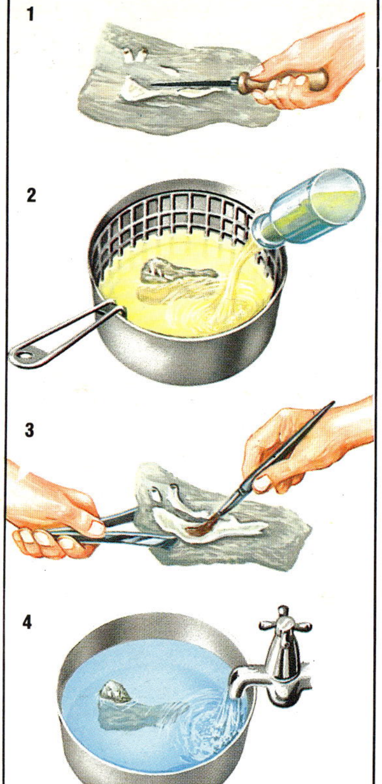

Auslösen durch Säure
1. Entfernen Sie lose Steinstücke mit einer Nadel und streichen Sie die freigelegten Teile des Fossils mit Durofix-Lösung ein (siehe Text).
2. Tauchen Sie das Gesteinsstück eine Weile in Säure, am besten in einem Plastikeimer oder Sieb. Tragen Sie Handschuhe.
3. Sobald das Gestein aufgelöst ist, bestreichen Sie die jetzt freiliegenden Fossilteile mit Durofix-Lösung. Halten Sie den Stein dabei mit einer Kunststoffzange.
4. Wenn das Fossil völlig freigelegt ist, wässern Sie es etwa zwei Wochen lang.

Kunststoffbehälter zu verwenden. Säuren können auch für Fossilien schädlich sein. Deshalb probiert man die Methode zuerst mit geringer Säuremenge aus. Fossilien, die in der Nähe von Salzwasser gefunden wurden, müssen zuerst sorgfältig gewaschen werden.
Vor Anwendung der Säure sollte man das Fossil durch Bestreichen mit einer Lösung härten und schützen. Diese Lösung kann aus Durofix-Klebstoff, den man in gleichen Teilen Aceton und Amylacetat auflöst, bestehen. (Achtung: Diese Lösung ist feuergefährlich.) Die Lösung dient auch zur Härtung zerbrechlicher Fossilien, bevor man sie aus dem umgebenden Stein löst. Dadurch wird das Bruch-Risiko herabgesetzt.

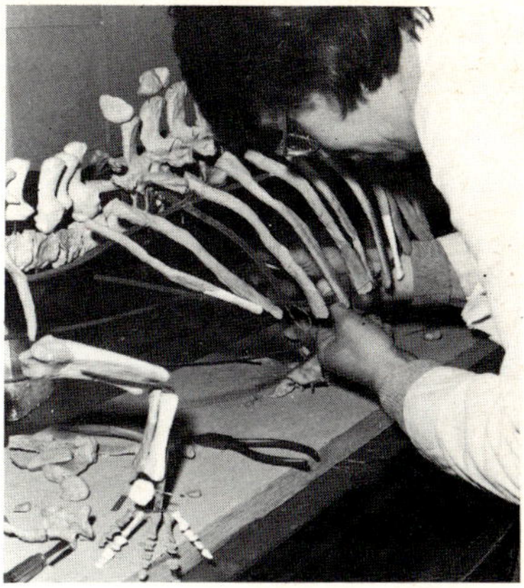

Fachleute können ein Skelett aus einer Anzahl fossiler Knochen zusammenbauen. Oben: Zum Befestigen der Knochen wird ein Metallrahmen verwendet.

Das Herstellen von Abdrücken

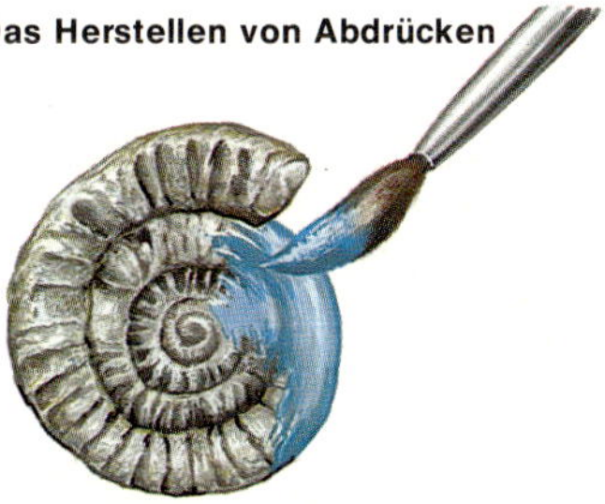

1. Beschichten Sie das Fossil lagenweise mit einer Gummimasse. Lassen Sie jede Schicht fest werden

2. Schneiden Sie eine Seite (die Rückseite oder die am wenigsten interessante Seite) ein und nehmen Sie das Fossil heraus.

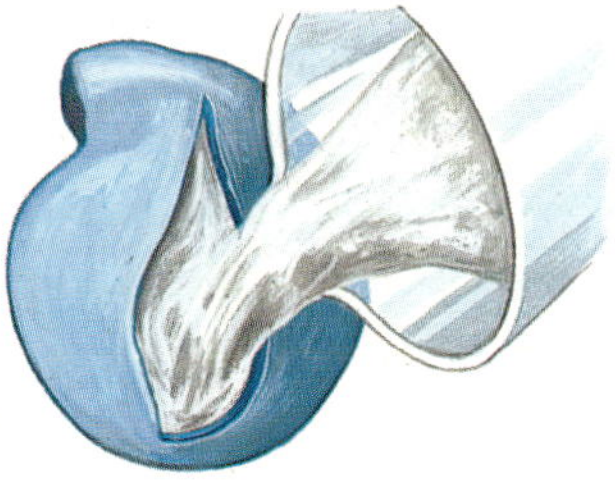

3. Füllen Sie den Abdruck mit Gips. Achten Sie darauf, daß keine Luftblasen entstehen.

4. Entfernen Sie die Form vom fertigen Abdruck.

Pyritisierte Fossilien

Schwefelkies (Pyrit) ist ein Mineral, das auch ›Katzengold‹ genannt wird. Fossilien, die aus diesem Mineral bestehen, lösen sich allmählich auf, wenn sie der Luft ausgesetzt werden. Um dies zu verhindern, wird zunächst eventuell vorhandenes Salz abgewaschen und das Fossil über einem Becher mit Ammoniak (Salmiakgeist) aufgehängt. Die Dämpfe verhindern, daß Säuren das Fossil angreifen. Pyritisierte Fossilien kann man auch mit antibakteriellen Mitteln behandeln (erkundigen Sie sich in einer Drogerie). Schließlich wird das Pyritfossil mit Durofix-Lösung luftdicht eingestrichen.

Das Zusammensetzen von Fossilteilen

Manche Fossilien sind zerbrochen. Man kann sie entweder vorübergehend mit wasserfestem Klebstoff, oder auf Dauer mit einem Kunstharz kleben. Lücken kann man mit kaltbindendem Kunststoff wie Isopan füllen. Dieser Kunststoff läßt sich nach dem Härten mit Sandpapier abschleifen.

Lagerung und Ausstellung

Zerbrechliche Fossilien kann man in kaltbindenden Kunststoff einbetten. Andere wirken in durchsichtigem Kunststoff gut. Die Einbettung schützt die Fossilien vor der Luft. Aber viele Fossilien können auch unbehandelt bleiben oder nur mit einer Durofix-Lösung gehärtet werden.

Das Herstellen von Fossilabdrükken kann Spaß machen (siehe Seite 57). Es ist vor allem zu empfehlen, wenn ein Fossil vermutlich nicht dauerhaft ist.

Wie man seine Fossilien ausstellt, ist Geschmackssache. Man kann Vitrinen kaufen oder eine Kommode mit Schubladen entsprechend herrichten. Wie man sie auch unterbringt, man sollte Fossilien immer beschriften. Das kann man mit Hilfe von Büchern oder bei einem Besuch im geologischen Museum durch Vergleiche tun. Bei Unklarheiten bitten Sie jemanden aus dem Museum, das Fossil zu identifizieren.

Besuche in Museen sind auch in anderer Hinsicht nützlich. Dort findet man die Fossilien, die man lokal erwarten kann. Man kann sich zudem informieren, wie Fossilien restauriert und rekonstruiert werden. Viele Museen besitzen auch Nachbildungen seltener Fossilien aus anderen Ländern.

Naturgeschichtliche und geologische Museen stellen Fossilien, Rekonstruktionen, Modelle und Abdrücke prähistorischer Tiere aus wie den *Phobosuchus,* oben, ein Krokodil aus der oberen Kreide.

Links: Das Dinosaurier-Nationaldenkmal in Utah, USA, zeigt fossile Knochen in den Gesteinen, in denen sie gefunden wurden.

Rechts: Die Kinder haben einen Ammoniten an der Küste von Portland in Dorset, England, entdeckt. Die Suche nach Fossilien ist ein beliebtes Hobby für die ganze Familie.

Oben: Ein durchschnittener Stromatolith, an dem die Kalkschichten zu sehen sind. Stromatolithenbildende blaugrüne Algen waren eine der Hauptlebensformen vor 2800 Millionen Jahren.

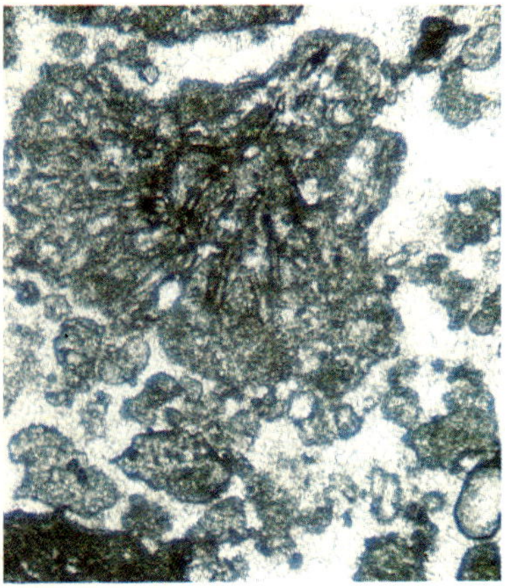

Oben: *Zonotrichites* ist eine blaugrüne Alge aus der Trias. Hier in einem arabischen Felsen.

Unten: *Nummulites,* eine Foraminifere aus dem Eozän, gefunden auf der Isle of Wight, England. Sie hat die Form einer Münze.

Fossilienkunde

Die ersten Lebensformen auf der Erde waren extrem kleine, einzellige Pflanzen. Diese Organismen gelten als die ältesten bekannten Fossilien. Die ersten Tiere gehörten zu den Protozoen (Einzeller). Die ersten Pflanzen waren Algen. Protozoen und Algen gibt es noch heute.

Das Studium fossiler Protozoen und Algen ist schwierig. Zunächst sind sie so klein, daß man zu ihrer Untersuchung ein Mikroskop benötigt. Zum zweiten kann man fossile Algen oft nur finden, wenn man Dünnschliffe des Gesteins untersucht. Drittens sind meist besondere Siebtechniken nötig. Daher ist die Erforschung dieser Fossilien ohne Spezialausrüstung schwierig.

Fossile Algen

Die ersten Organismen, die als Fossilien auftraten, sind die Blau- und Grünalgen. Sie finden sich im Kieselschiefer der ›fig-tree-Serie‹ in Rhodesien. Diese Gesteine sind 3100 Millionen Jahre alt. Auch die ›Gunflint‹-Kieselschiefer in der Nähe des Oberen Sees in Nordamerika enthalten etwa 2000 Millionen Jahre alte, blaugrüne Algenfossilien.

Bis zu 2800 Millionen Jahre alte Stromatolithen wurden gefunden. Stromatolithen sind keine echten Fossilien, sondern durch blaugrüne Algen ausgebildete Kalkschichten. In Shark Bay, Australien, gibt es diese stromatolithbildenden Algen noch heute.

Die ersten Algen waren ausnahmslos einzellig. Spätere Formen waren oft mehrzellig und wie Kugeln, lange fadenähnliche Fasern oder blattähnliche Strukturen geformt.

Links: Eine fasrige Alge aus dem Pliozän, in einem Diatomitgestein fossilisiert. Diatomitgesteine sind Ablagerungen aus den Überresten von Diatomen (winzigen Pflanzen) in einem Meeresbecken. Dieses Fossil wurde in Kalifornien, USA, gefunden. Solche Algen sind heute noch verbreitet. Sie bestehen aus langen, verzweigten Zellketten.

Protozoen

Biologen unterteilen die Protozoen in vier Gruppen: Sporozoen, Ciliata, Flagellata und Rhizopoden. Die beiden ersten Gruppen bildeten keine Fossilien aus, da ihre Tiere keine harten Teile besaßen. Einige Flagellata besitzen zwar harte Skelette, aber sie sind so klein (weniger als $^{1}/_{10}$ mm im Durchmesser), daß sie kaum zu sehen sind. Die Rhizopoden werden in vier Untergruppen aufgeteilt: Amöben, Sonnentierchen (Heliozoen), Foraminiferen (Kammerlinge) und Radiolarien (Strahlentierchen). Foraminiferen und Radiolarien sind die häufigsten Fossilien.

Foraminiferen treten in allen Gesteinen nach dem Ordovizium auf, am häufigsten jedoch in mesozoischen und känozoischen. Sie alle haben Kammern. Einige wie *Nodosaria* und *Textularia* sind einfach im Aufbau, andere wie *Globigerina* und *Nummulites* komplizierter. Radiolarien werden in allen nach der präkambrischen Zeit entstandenen Gesteinen gefunden. Sie haben komplizierte Skelette.

Bei fossilen Skeletten von Foraminiferen und Radiolarien erkennt man oft winzige Löcher. Durch diese Poren drangen winzige Pseudopodien (›Scheinfüße‹) aus den Weichteilen der Tiere nach außen.

Unten: Radiolarien sind Protozoen, die im Meer leben. Ihre Skelette werden in Gesteinen ab dem Präkambrium gefunden.

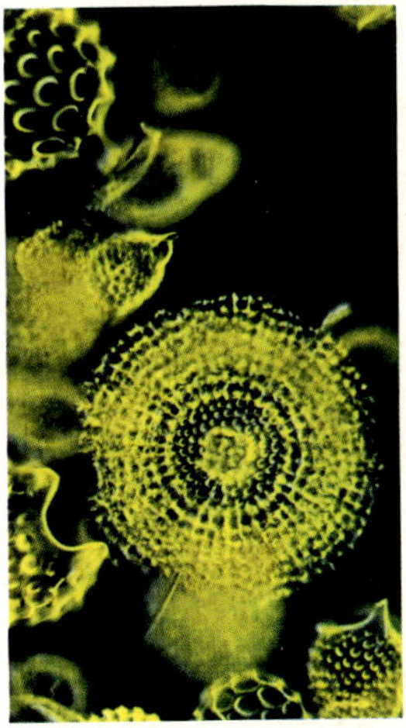

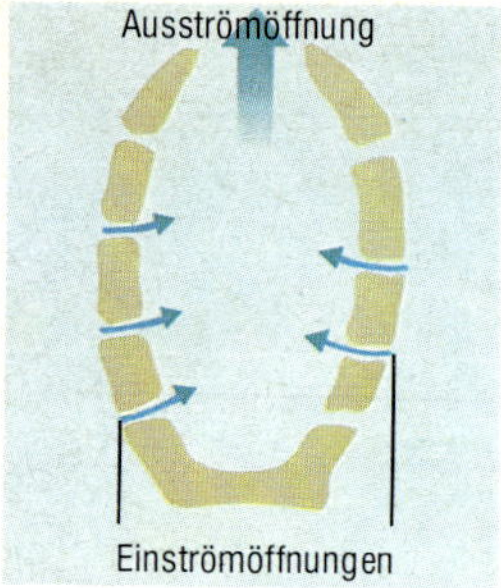

Oben: Ein einfacher Schwamm ist der *Peronidella* auf der gegenüberliegenden Seite. Die Pfeile zeigen, wie das Wasser in den Schwamm durch verschiedene Einströmöffnungen eindringt und ihn durch eine einzige Ausströmöffnung wieder verläßt.

Unten: Ein Schnitt durch die Wand eines weiter entwickelten Schwammes wie *Hydnoceras* (siehe gegenüberliegende Seite). Sein Kanalsystem ist komplizierter. Wasser dringt durch die Einströmporen ins Innere. Die Ausströmöffnungen führen in einen großen Innenraum, von dem aus das Wasser den Schwamm durch eine große Öffnung an der Spitze wieder verläßt.

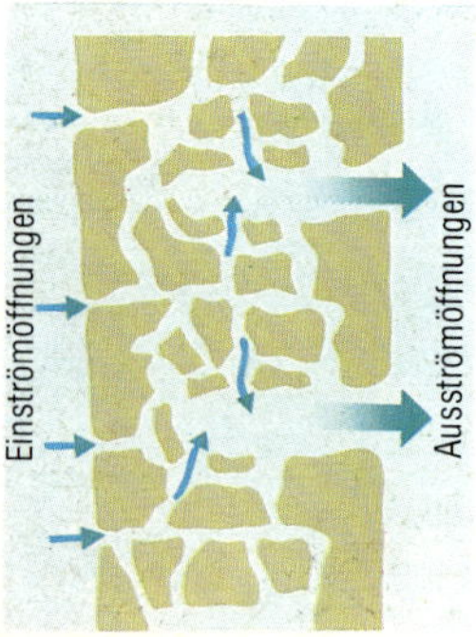

Fossile Schwämme

Schwämme sind die einfachsten vielzelligen Tiere. Früher wurden sie sogar für Pflanzen gehalten. Sie besitzen keine tierischen Organe wie Mund oder Magen, aber Skelette, die aus *Spiculae* (nadelartigen Fortsätzen) oder kleinen Kalk- oder Silikatstückchen bestehen. Die Zellen eines Schwammes sind um die Spiculae zu Kanälen angeordnet. Wasser transportiert Nahrung und Sauerstoff durch diese Kanäle, die sich durch Poren nach außen öffnen. Diese Poren haben der Gruppe ihren wissenschaftlichen Namen gegeben: Porifera, das heißt ›porentragend‹.
Nur Schwämme mit relativ harten Skeletten bilden Fossilien aus. Auch fossile Spiculae werden gefunden, aber sie sind nur durch ein Mikroskop erkennbar. Die Identifizierung fossiler Schwämme ist schwierig. Einige (siehe gegenüberliegende Seite) haben charakteristische Formen. Aber viele kann man nur identifizieren, wenn man ihre Spiculae unter dem Mikroskop untersucht.

Erläuterungen zu den Fossilien gegenüber

1. *Hallirhoa,* ein Stielschwamm aus der Kreidezeit. **2.** *Hydnoceras,* ein großer, vasenförmiger Schwamm aus Devon und Karbon, Fundorte Nordamerika und Europa. Er wird vor allem in den devonischen Gesteinen New Yorks gefunden. Das Netzmuster und die regelmäßig angeordneten Ausbuchtungen machen ihn leicht erkennbar. **3.** *Doryderma,* ein verästelter Schwamm, der in Europa in Gesteinen des Karbon und der Kreide auftritt. Er ist ziemlich groß, und seine Äste haben einen Durchmesser von über einem Zentimeter. **4.** *Peronidella,* ein Schwamm aus der Trias, dem Jura und der Kreide, besteht aus einer Anzahl einfacher Schwammeinheiten. Hier sieht man, daß jede Einheit ihre eigene Ausströmöffnung hat. **5.** *Cliona,* ein Schwamm aus dem Devon bis zur Neuzeit, der in Gesteinen auf der ganzen Erde gefunden wird. Er ist ein Hohlschwamm und bildet Knoten auf Muscheln oder Felsen. Diese Art hat sich in die Schale einer Muschel *(Inoceramus)* eingegraben.

1

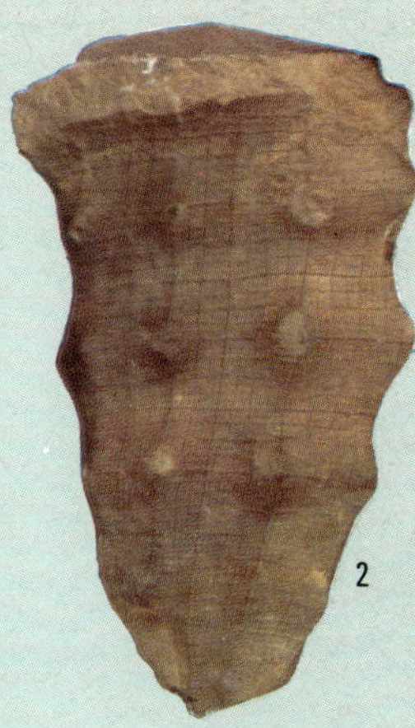
2

3

4

5

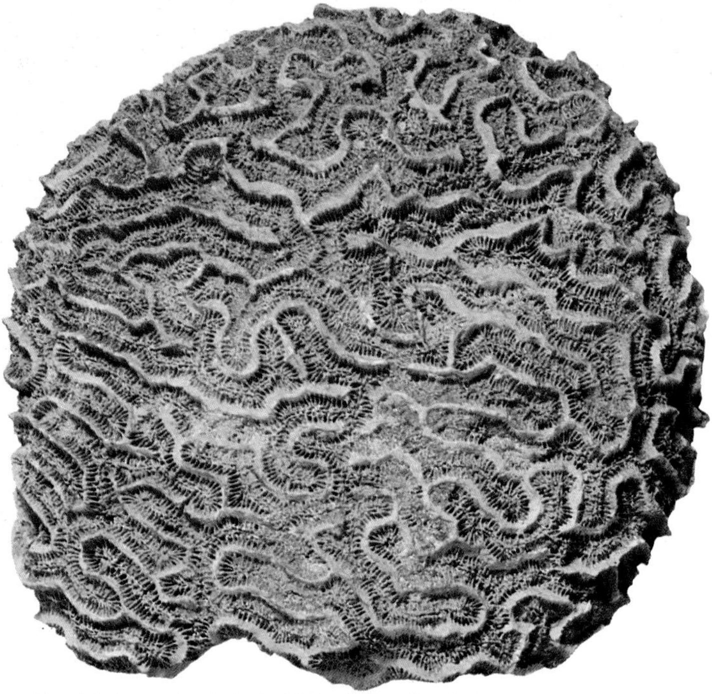

Meandrina ist eine große, kolonienbildende Koralle, die in eozänen bis rezenten Gesteinen in Südamerika, Europa und auf den Westindischen Inseln gefunden wird. Sie ist eine sogenannte ›Hirn-Koralle‹ und hat lange, gewundene Coralliten (siehe Text). Die Scheidewände steigen gegenüber den niederen Achsialstrukturen in der Mitte des Coralliten an.

Fossile Korallen

Fossile Korallen ähneln bizarren Steinen, sind aber tierische Skelette. Korallen sind mit Seeanemonen verwandt und gehören zur Gruppe der Coelenteraten. Im Gegensatz zu den Seeanemonen bauen einzelne Korallen oder *Polypen* Kalkskelette auf. Korallen können *einzeln leben* und *kolonienbildend* sein (viele Polypen leben dann in einem Skelett). Kolonienbildende Korallen verursachen oft Riffwachstum.
Fossile Korallen sind häufig, da die Kalkskelette leicht fossilisieren. Korallenkalksteine gibt es von der ordovizischen Periode an. Auch im Paläozoikum existierten einige einzeln lebende und kolonienbildende Korallen. Echte riffbildende Korallen entwickelten sich erst in der Trias.

Das Bestimmen fossiler Korallen

Form und Aufbau von Korallen weichen voneinander ab. Einzelmerkmale einiger einzeln lebender Korallen kann man nur durch das Mikroskop erkennen. Wissenschaftler unterteilen Korallen nach ihrem unterschiedlichen Aufbau. Um diese Einteilung zu verstehen, muß man ein paar Fachausdrücke kennen. Das *Corallum* ist die gesamte Masse einer Korallenkolonie. Die Aushöhlungen, in denen die Polypen lebten, heißen *Coralliten*. Ein Corallit kann in vertikale Abschnitte, sogenannte *Septen*, unterteilt werden. Die Mitte oder die *Achse* eines Coralliten kann schwammig oder hart sein. Viele Korallen haben jedoch keine Achsialstruktur.

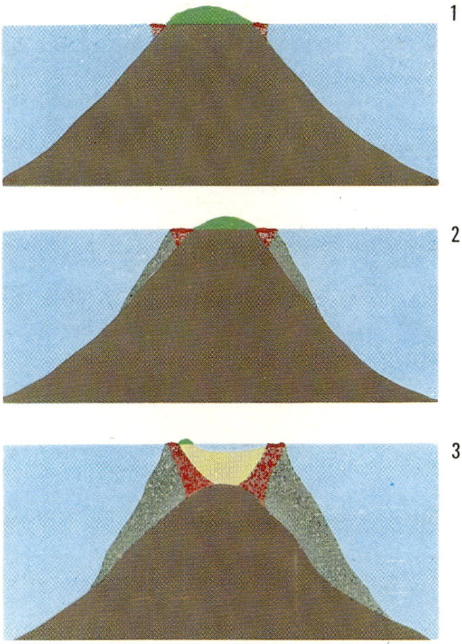

Wie ein Korallenriff entsteht
1. Knapp unter der Wasseroberfläche bildet sich ein Korallenring rund um eine Vulkaninsel.
2. Der Meeresspiegel hebt sich, und die Koralle wächst nach oben.
3. Die Insel verschwindet im Meer und läßt ein Korallenriff um eine Lagune und oft auch eine Koralleninsel zurück. Nur die Korallen an der Oberfläche leben. Die übrige Masse besteht aus Skeletten.

Oben: *Caninia* ist eine große, einzeln lebende Koralle aus dem Karbon und Perm und wird in Nordamerika, Europa, Asien und Australien gefunden. Der Polyp lebte in der Zentralröhre im Inneren der Koralle.

Unten: *Lithostrotion* ist eine kolonienbildende Koralle, die in Karbongesteinen in vielen Teilen der Erde gefunden wird. Die Coralliten sind lang, der Durchmesser kann bis zu 8 mm betragen.

Fossile Bryozoen

Bryozoen ähneln Korallen insoweit, als auch sie kolonienbildende Tiere sind. Jedes Mitglied einer Kolonie lebt in seiner eigenen Kalkröhre. Lebende Bryozoen ähneln Moosen. Fossile Bryozoen treten in den meisten Kalkgesteinen ab dem Ordovizium auf. Frühe Bryozoen waren Bestandteile paläozoischer Riffe.

Ihre Fossilien sind oft zart, können aber mit einer schwachen (3%) Salzsäure (siehe Seite 56) freigelegt werden. Manchmal haften sie an den Schalen von Brachiopoden oder Seeigeln.

Bryozoen sind unterschiedlich geformt. Manche wie *Penniretepora* sind farnähnlich. Andere wie *Lunulites* bilden Ausbuchtungen, und wieder andere wie *Reticrisina* verkrusten sich. Die meisten Bryozoen kann man erkennen, wenn man ihre feinen Strukturen unter dem Mikroskop untersucht.

1

2

3

4

5

6

Schlüssel zu den Fossilien

1. *Constellaria* ist ein verzweigter Bryozoe, der im Ordovizium lebte. Fossilien von *Constellaria* treten in Nordamerika auf. **2.** *Penniretepora,* ein zarter, farnähnlicher Bryozoe, wird in devonischen, karbonischen und permischen Gesteinen in Europa und Nordamerika gefunden. **3.** *Fenestella,* ein netzähnlicher Bryozoe, lebte vom Ordovizium bis zum Perm. Fossilien treten in Europa auf. **4.** *Retecresina,* ein krustenbildender Bryozoe, tritt in Europa in Gesteinen aus der Kreidezeit auf. Seine netzartigen Verzweigungen waren fest mit dem Felsen verhaftet. (Die rote Farbe soll das Fossil vor dem Hintergrund hervorheben.) **5.** *Lunulites* ist kleiner als einen Zentimeter. Er lebte von der Kreidezeit bis zum Eozän, seine Fossilien kommen in Europa und Nordamerika vor. **6.** *Meandropora,* ein großer Bryozoe aus dem Pliozän, Fundort Europa. Er bestand aus langen, miteinander verbundenen Röhren.

Die Abbildung unten zeigt einen Querschnitt durch fossile Stengel von *Rhynia gwynne-vaughani,* links, und *Asteroxylon mackiei,* rechts. Beide Fossilien treten in Kieselschieferablagerungen Schottlands auf. Man nimmt an, diese Ablagerungen waren einmal Moore. Die Rekonstruktion von *Rhynia gwynne-vaughani,* unten links, zeigt, daß die dünnen, glatten Zweige sporenhaltige Kapseln an den Spitzen trugen. Der Stengel von *Asteroxylon mackiei,* unten rechts, war mit schuppenartigen Blättern bedeckt. Beide Pflanzen wuchsen aus unterirdisch kriechenden Wurzeln, den *Rhizomen.*

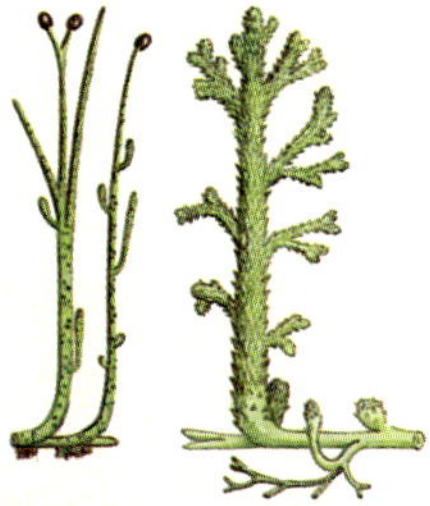

Fossilien niederer Pflanzen
Niedere Pflanzen sind Pflanzen, die sich nicht durch die Ausbildung von Samen fortpflanzen. Zu den heutigen niederen Pflanzen gehören Algen, Pilze, Bryophyten (Moose und Leberblümchen), Bärlapp, Schachtelhalme und Farne. Fossile Algen treten in Gesteinen jeden Alters auf (siehe Seite 60). Fossile Pilze und Bryophyten sind selten. Die wichtigsten Fossilien sind die der frühen Landpflanzen, der Vorläufer der heutigen Schachtelhalme, Bärlappgewächse und Farne.

Frühe Landpflanzen
Die ersten bekannten Landpflanzen gehörten zur Gruppe der sogenannten Psilophyten; wahrscheinlich waren es Sumpfpflanzen. Die unteren Teile dieser Pflanzen standen vermutlich ständig unter Wasser. Fossile Psilophyten wurden kaum gefunden. Sie treten in silurischen und devonischen Gesteinen in Australien, Deutschland und Schottland auf. Zu ihnen gehören *Rhynia, Horneophyton, Zosterophyllum* und *Asteroxylon.* Spätere Funde als aus dem frühen Devon gibt es nicht. Wissenschaftler halten sie für Vorläufer der beiden modernen Psiloten *Psilotum* und *Tmesipteris.*

Bärlapp und Schachtelhalme
Eine Pflanzengruppe, die Lycophyten, war von größerer Bedeutung. *Aldanophyton,* in Sibirien gefunden, geht bis ins Kambrium zurück. Ein anderes Mitglied der Gruppe, *Barawagnathia,* tritt in silurischen Gesteinen Australiens auf. Ihre größte Verbreitung er-

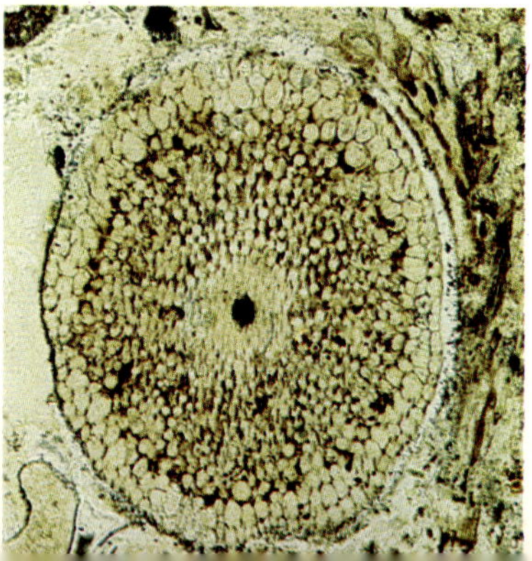

reichten die Lycophyten im Karbon und Perm. Heute gibt es nur noch drei Arten. Dazu gehören der Bärlapp *Selaginella* und der Schachtelhalm *Equisetum*.
Die bekanntesten Lycophyten aus Karbon und Perm sind *Lepidodendron* (siehe Seite 70) und *Calamites* (ebenfalls Seite 70). Von beiden gibt es mehrere Abarten. Lycophyten waren auch *Sigillaria, Pleuromeia, Bothrodendron* und *Nathorstiana*. All diese fossilen Pflanzen finden sich in Europa. Sie waren Teil der riesigen Sumpfwälder des Karbon, die zu Kohleflözen zusammengepreßt wurden.

Farne
Das Karbon wird oft als ›Zeitalter der Farne‹ bezeichnet. Das trifft nicht ganz zu. Die meisten farnartigen Pflanzen des Karbon waren Samenfarne oder Pteridosperme (siehe Seite 71). Echte Farne bringen keine Samen hervor, sondern vermehren sich durch Sporen. Einer der ersten Farne, *Cladoxylon,* ist durch Fossilien in mitteldevonischen Gesteinen Deutschlands bekannt. Er scheint dicke, grüne Äste gehabt zu haben, von denen manche kleine, fächerähnliche Blätter trugen. Karbonische Farne wie *Stauropteris* und *Etapteris* hatten feinere Strukturen als die heutigen Farne. Echte Farne gibt es heute in großer Zahl.

Calamites war ein Schachtelhalm im Karbon. Calamites heißen Stielstücke wie das oben abgebildete. Vollständige fossile Pflanzen wurden noch nicht entdeckt; darum ist oft nur schwer festzustellen, welcher Stamm zu welchen Blättern gehörte. Heute nimmt man an, daß fossile Blätter mit Namen *Annularia,* links oben, zu dem *Calamites*-Stamm rechts oben gehörten. Deshalb sahen *Calamites* wahrscheinlich wie auf der Rekonstruktion unten aus.

Lepidodendron war die größte der karbonischen Bärlapparten. Er konnte 30 Meter hoch werden und einen Stammdurchmesser bis zu zwei Meter haben. Die Rekonstruktion, oben, zeigt, daß er einem heutigen Baum ähnelte, wenn auch sein Stamm nicht so verholzt war. Die Blätter eines jungen Lepidodendron wuchsen direkt aus dem Stamm heraus. Bei älteren Pflanzen wuchsen die Blätter aus Zweigen, wie man an dem Fossil rechts oben sehen kann. Die Blätter sind vom Stamm gefallen und haben ein Muster diamantförmiger Blattansätze zurückgelassen, wie in dem fossilen Stamm, rechts, zu sehen ist.

Fossilien höherer Pflanzen
Höhere Pflanzen bilden zur Vermehrung Samen aus. Am bekanntesten sind die Blütenpflanzen mit ihrem Ursprung in der Kreidezeit. Daher treten die meisten Fossilien von Blütenpflanzen in Gesteinen der Kreidezeit auf. Die andere Hauptgruppe samenproduzierender Pflanzen sind die Coniferen (Nadelhölzer).

Pteridosperma
Pteridosperma oder Samenfarne waren die Vorläufer der Blütenpflanzen. Sie wuchsen vom Devon bis zur Trias und waren den Farnen in vieler Hinsicht gleich. Sie produzierten Samen an den Enden bestimmter Zweige. Die Namen der Pteridosperma sind etwas verwirrend. Da nur Bruchstücke von Fossilien dieser Pflanzen gefunden wurden, gaben die Wissenschaftler den Stämmen, Blättern und Samen verschiedene Namen. Erst später erkannte man, daß diese wahrscheinlich zur selben Pflanze gehört hatten. Aber man wußte nicht, welcher Stamm zu welchen Blättern gehörte. Deshalb wurden die ursprünglichen Namen beibehalten. *Medullosa* und *Sutcliffia* bezeichnen zum Beispiel bestimmte Stämme. Verwandte Farne gehören zur »forma genera« *Alethopteris, Pecopteris* und *Neuropteris*.

Oben: Zwei fossile Blätter von Samenfarnen: *Pecopteris,* oben, und *Neuropteris,* darunter. Sie wurden in Kohleflözen gefunden. Ganz unten: Eine Rekonstruktion von *Medullosa*.

Zykaden
Pteridosperma starben während der triassischen Periode aus. Doch vorher hatten sie noch die Blütenpflanzen und die Zykaden hervorgebracht. Heute existieren neun Zykadenarten. Die meisten Zykaden gab es im Mesozoikum, palmenähnliche Gewächse, die ihren Samen in Zapfen produzieren.

Cordaitales und Bennettitales

Die Vorläufer der Coniferen waren die Cordaitales. Diese hohen Bäume wuchsen in devonischen, karbonischen und permischen Wäldern. Ihre Samen bildeten sich in Zapfen, die noch nicht so weit entwickelt waren wie die der heutigen Coniferen.

Die Cordaitales brachten auch die Ginkgos hervor, eine von der jurassischen bis zur tertiären Periode recht große Gruppe. Bis auf eine Art sind sie heute alle ausgestorben. Der einzige noch existierende Vertreter dieser Gruppe ist *Ginkgo biloba* (siehe Seite 9).

Die Bennettitales sind eine Pflanzengruppe, die sich auch aus den Cordaitales entwickelt haben könnte. Ihre Herkunft ist nicht ganz geklärt. Die Bennettitales sind palmenähnliche Pflanzen. Sie tragen Samen in blütenähnlichen Gebilden.

Oben: Fossile Früchte von Blütenpflanzen aus einer Lehmschicht des unteren Tertiärs.

Blütenpflanzen

Die Blütenpflanzen sind die erfolgreichste Pflanzengruppe, da sie auf wirksamere Weise Samen produzieren als andere Arten. Die Samen der Blütenpflanzen sind gut geschützt und werden nach sehr wirkungsvollen Methoden verbreitet. Das erklärt auch die große Artenvielfalt.

Einige der heutigen Blütenpflanzen kommen als Fossilien bereits in der Kreidezeit vor. Dazu gehören die Familien des Lorbeer und der Platanen. Lorbeerarten gibt es mehrere noch heute, jedoch nur eine Platanenart, *Platanus*. Eine fossile Platane ist auf Seite 11 abgebildet.

Seit dem Paläozän sind Blütenpflanzen die beherrschende Pflanzengruppe. Fossilien ab dem Oligozän wirken schon sehr neuzeitlich.

Oben:
Eine Rekonstruktion der *Cycadoidea*.

Unten Mitte: Ein fossiler Zykadenzapfen. Fossile Zykaden findet man in Gesteinen aus der oberen Trias und der Kreide. Unten links: Die Rekonstruktion einer Zykade aus der Kreidezeit, *Palaeocycas*. Unten: Ein fossiler Stamm der *Cycadoidea* aus der Gruppe der Bennettitales (Kreide).

Oben: Ein fossiles Pappelblatt aus der Neuzeit (Rezent), was sein modernes Aussehen erklärt.

Fossilien von Würmern
Würmer sind Weichtiere, und darum gibt es nur wenige Fossilien. Aber viele Würmer graben Höhlen oder Röhren.
Die meisten fossilen Überreste von Würmern bestehen aus fossilisierten Höhlen. Zu den neuzeitlichen Würmern gehören Platt- und

Ringelwürmer. Plattwürmer graben keine Höhlen, so daß keine fossilen Überreste existieren. Ringelwürmer sind wie die Regenwürmer Gliedwürmer. Viele Mitglieder dieser Gruppe bilden Höhlen. Fossilien kommen in allen Gesteinsaltern vor.
Mit Würmern werden manchmal zwei Arten mikroskopisch kleiner Fossilien in Zusammenhang gebracht. *Scolecodonten* sind gezahnte Gebilde, die den Kiefern mancher heutiger Ringelwürmer ähneln. *Conodonten* sind zahnähnliche Fossilien in Gesteinen des Ordoviziums bis zur Kreidezeit. Manche Wissenschaftler vermuten in ihnen allerdings Teile von Schnecken (Gastropoden), Krustentieren oder Fischen.

Gegenüber: Fossile Wurmgänge, *Ophiomorpha*. Dieses Fossil wurde auf der Isle of Wight im Süden Englands in Gesteinen der unteren Kreide gefunden. Allgemein glaubte man, diese Gänge stammten von Seetieren, doch dies Fossil wurde aus Gesteinen gelöst, die nicht maritimen Ursprungs zu sein scheinen.

Links: Ein präkambrisches Fossil des Wurms *Spriggina* aus Australien. Die zähe Haut dieses Wurms hinterließ vor über 700 Millionen Jahren diesen Abdruck im Gestein.

Unten links: Wurmkanäle in einem Gestein des mittleren Kambriums.

Unten rechts: Fossilisierte Röhren eines Röhrenwurms. Röhrenwürmer lebten in Kalkröhren, die ausgezeichnete Fossilien ausbildeten.

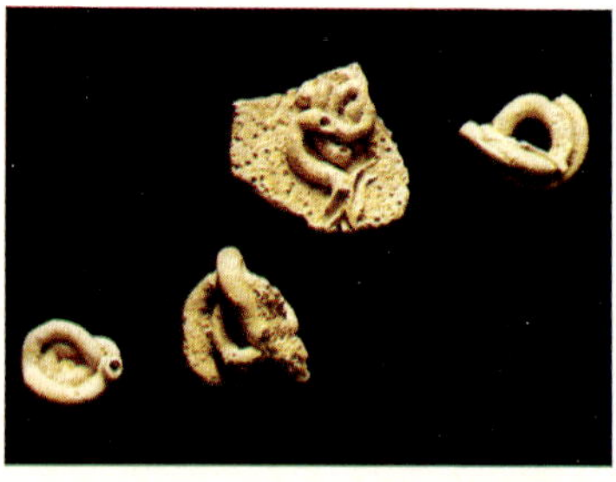

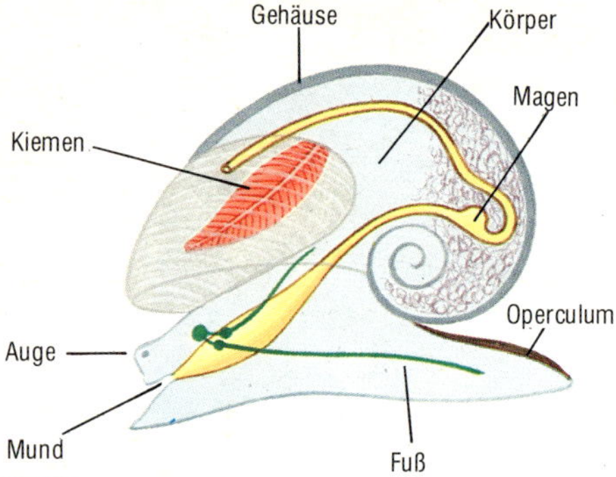

Das Gehäuse von Gastropoden (Schnecken) ist eine Art mobiles Heim. Wenn das Tier bedroht wird, zieht es sich in sein Gehäuse zurück und schließt die Öffnung mit dem Deckel *(Operculum)*. Das Tier ›atmet‹ durch Kiemen, indem es dem Wasser Sauerstoff entnimmt. Alle fossilen Gastropoden lebten im Wasser. Einige heutige Gastropoden leben auf dem Land und atmen durch Lungen statt durch Kiemen.

Oben: *Poleumita* ist eine große (5–9 Zentimeter Durchmesser) silurische Schnecke aus Europa und Nordamerika.
Unten: Zwei Fossilien der silurischen Schnecke *Pleurotomaria*. Dieser Typ ist für die paläozoische Ära ungewöhnlich.

Fossile Schnecken

Schnecken oder Gastropoden gehören zur großen Tiergruppe der Mollusken oder Weichtiere. Andere Mitglieder dieser Gruppe sind Muscheln oder Bivalven (Seite 78) und die Kopffüßler (Cephalopoden, Seite 80). Man kennt über 15 000 Arten fossiler Gastropoden. Gastropoden findet man im Meer und im Süßwasser. Seeschnecken sind seit dem frühen Kambrium bekannt. Im Ordovizium nahmen sie zahlenmäßig stark zu. Süßwassergastropoden wurden zum erstenmal in Gesteinen des Oberen Karbon gefunden. Diese frühen Gastropoden waren sehr einfach gebaut, oft nur flach aufgerollt. Der Aufbau mesozoischer Schnecken ist komplizierter. Häufig waren sie konisch und spiralförmig aufgerollt, mit oft gemusterten oder mit einer Struktur versehenen Häusern.

Die größte Vielfalt fossiler Schnekken findet man in den eozänen und oligozänen Gesteinen Europas. Die meisten Schnecken aus dem Pliozän und Pleistozän sind identisch mit heute noch lebenden Arten; heute existieren 35 000 Schneckenarten.

Links: *Trepospira* ist eine einfache, ca. drei Zentimeter lange Schnecke, die in devonischen und permischen Gesteinen Afrikas, Europas und Nord- und Südamerikas zu finden ist. Ihr Gehäuse ist zu einem flachen Kegel gewunden und hat Ausbuchtungen, die direkt unter den Windungen liegen.

Rechts: *Olivella* ist eine schöne und weiterentwickelte Schnecke, die auf der ganzen Erde seit der Kreidezeit auftritt. Die meisten Exemplare sind kleiner als vier Zentimeter.

Links: *Clavilithes* ist eine große, konische Schnecke vom Eozän bis zum Pliozän, die in Asien, Europa und Nordamerika gefunden wird. Sie ist zwischen 10 und 15 Zentimeter lang. Das Gehäuse rechts ist halbiert. Es zeigt die Mittelachse oder Spindel, um die die Windungen angeordnet sind.

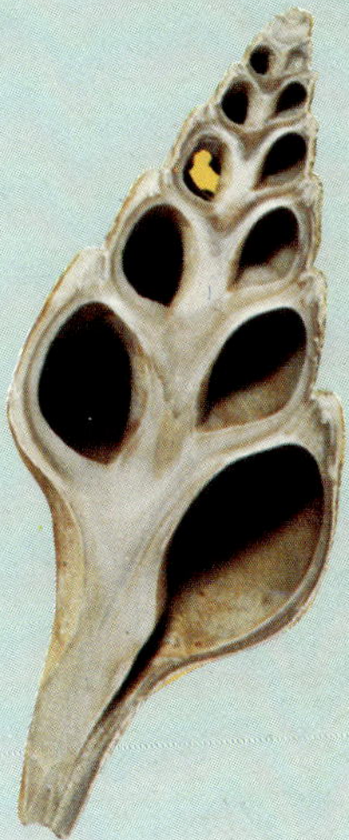

Die Muscheln *(Bivalven)* bilden die zweite Familie der Weichtiere. Ihr Gehäuse besteht aus zwei Schalen, die an der Spitze zusammenhängen. Zu den heutigen Muscheln gehören Austern, Kammuscheln, eßbare Meeresmuscheln, Herzmuscheln und viele andere.
Die beiden Schalenhälften stehen gewöhnlich spiegelverkehrt zueinander. Bei einigen Mitgliedern der Austernfamilie, zu der auch *Gryphaea* (siehe gegenüberliegende Seite) gehört, ist eine Schalenhälfte größer als die andere.

Unten: Diese Abbildung zeigt, wie die Organe in den Schalen liegen. Die beiden *Schließmuskeln* sind kräftig und halten beide Schalenhälften zusammen. Die Schalenhälften sind oben durch ein *Ligament* miteinander verbunden. Oft sind an dieser Verbindung Zähne angebracht, die dem Öffnen und Schließen der Muschel dienen. Den Fuß benützt das Tier, um sich im Sand oder Schlamm fortzubewegen. Es ernährt sich und atmet, indem es Wasser durch eine Öffnung einsaugt. Nahrungsteilchen werden durch Fühler und Kiemen ausgesondert und zum Mund transportiert. Die Kiemen dienen auch dazu, dem Wasser Sauerstoff zu entnehmen. Sind Nahrung und Sauerstoff entnommen, wird das Wasser durch die Ausstoßöffnung wieder abgegeben.

Gegenüber: Fossile Muscheln, wie sie in Gesteinen auf der ganzen Erde vorkommen.
1. *Meleagrinella,* eine kleine Muschel aus Trias und Jura, hat eine gerundete, linke Schalenhälfte, die wie die Schalen einer Herzmuschel gefurcht ist. Die rechte Schalenhälfte ist glatt und flach. **2.** *Schizodus,* eine kleine zweischalige Muschel aus Karbon und Perm. **3.** *Gryphaea,* eine Muschel aus Trias und Jura. Die linke Schale ist sehr groß und wölbt sich über die rechte. Dadurch sieht sie aus wie ein Ammonit. **4.** *Pholadomya,* eine Muschel ab der Trias bis heute (Rezent). **5.** *Hippurites* ist eine ungewöhnliche Muschel. Sie gehörte zur jetzt ausgestorbenen Gruppe der Rudisten. Die größere Schalenhälfte bildet eine Röhre, über die die kleinere Schale wie ein Deckel paßt. **6.** *Trigonia,* eine dreieckig geformte Muschel, die in Gesteinen der Trias bis zur Kreide gefunden wird.

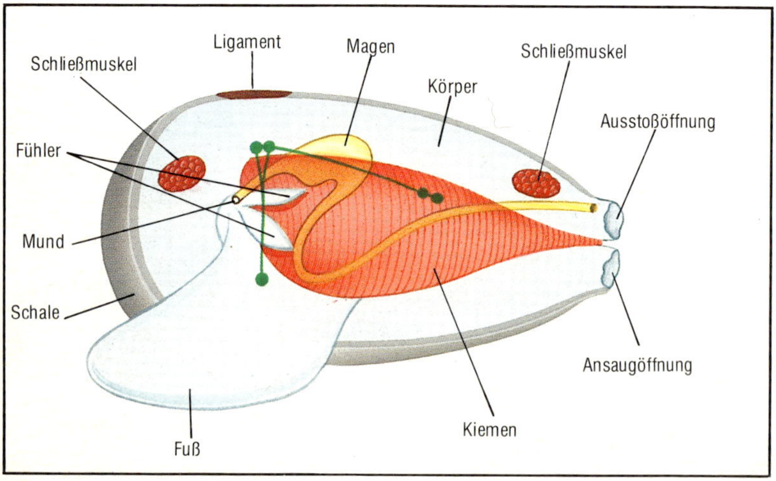

1
2
3
4
5
6

Kopffüßler

Kopffüßler *(Cephalopoden)* sind Weichtiere mit Tentakeln. Tentakel sind eine Variation des Gastropoden- (Seite 76) und Muschelfußes (Seite 78). Sie sind am Kopf rund um den Mund angeordnet.
Zu den Kopffüßlern gehören Nautiloideen, Ammonoideen, Belemnoideen, Sepia, Tintenfische und Kraken. Alle Nautiloideen bis auf *Nautilus* sowie die Ammonoideen und Belemnoideen sind heute ausgestorben. Nautiloideen und Ammonoideen sehen aus wie flache Schnecken. Aber im Gegensatz zu diesen haben ihre Schalen *Lobenlinien,* wo die Kammerscheidewände auf die Schale treffen. Diese Linien sind an inneren Fossilabdrücken gut zu erkennen. Bei äußeren Abdrücken muß man einen Teil der dünnen Schale wegkratzen, um die Lobenlinie *(Sutur)* zu sehen.

Nautiloideen

Die Nautiloideen waren die erste Gruppe der Kopffüßler. Sie tauchen in Gesteinen vom Kambrium bis zur Neuzeit auf. Der heutige Nautilus ist ein eingerollter Nautiloid; die meisten kambrischen und ordovizischen Arten waren dagegen gestreckt. Ihre Schalen waren dick und bis zu vier Meter lang. Spätere Nautiloideen hatten gekrümmte oder eingerollte Schalen. Mesozoische und tertiäre Nautiloideen ähnelten dem heutigen *Nautilus*.
Die Lobenlinien (Suturen) der Nautiloideen sind einfach. Gestreckte Tiere haben gerade, gekrümmte oder gewundene Tiere gewundene Suturen. Das sieht man deutlich an der Lobenlinie des *Nautilus* (gegenüberliegende Seite).

Unten: *Arietites*, ein großer Ammonit aus dem Jura, 3,25 Meter im Durchmesser.
Rechts: *Australoceras* ist ein gestreckter jurassischer Ammonit.

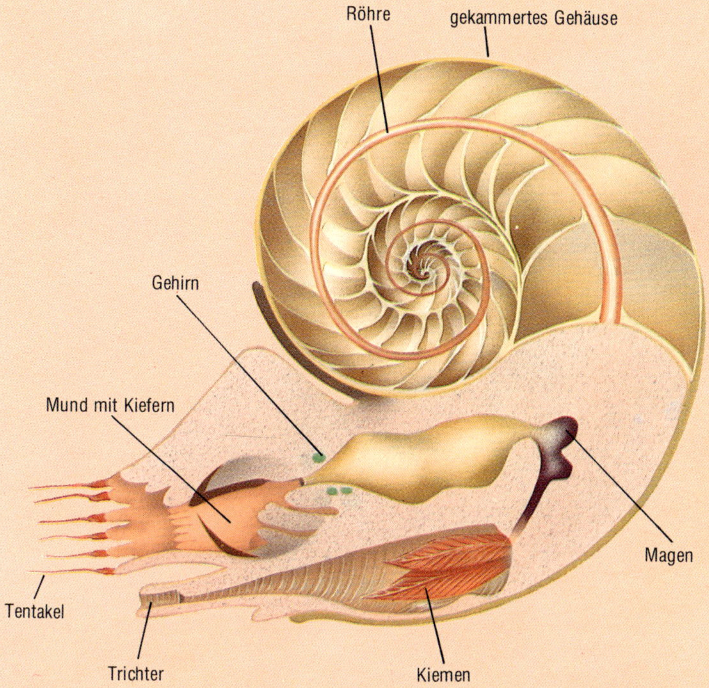

Oben: Eine Abbildung des modernen *Nautilus.* Wenn das Tier wächst, bildet es eine neue Kammer aus. Die restlichen Kammern werden nacheinander mit Gas gefüllt. Dadurch kann das Tier im Wasser treiben.

Links: *Nautilus inornatus* ist ein fossiler Nautiloid, der in der jurassischen Periode lebte.

Oben: *Gastrioceras* ist ein Ammonoid aus dem oberen Karbon. Seine Lobenlinie (siehe Seite 80) hat gerundete Sättel und spitze Loben. Die Schale hat einen stark ausgeprägten Kiel.

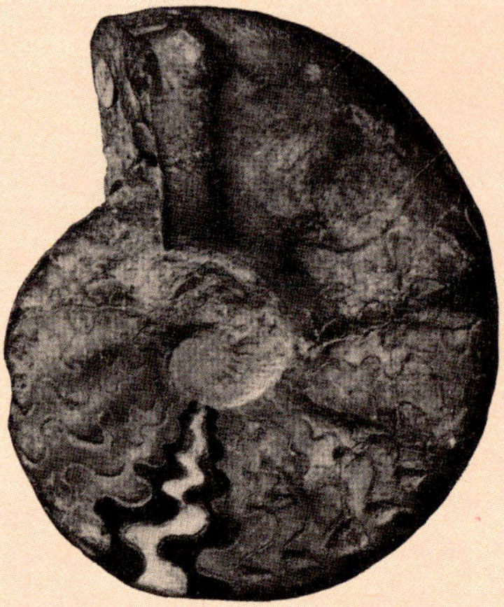

Oben: *Ceratites* ist ein Ammonoid aus der Trias, der nur in Europa gefunden wird. Seine Lobenlinie hat gerundete Sättel und gezackte Loben (ceratitische Lobenlinie). Die Fachwörter werden auf den Seiten 80 und 82 erklärt.

Ammonoideen und Ammoniten

Die Ammonoideen entwickelten sich wahrscheinlich aus einem gestreckten Nautiloiden des Devon. Sie haben kompliziertere Lobenlinien als die Nautiloideen. Ammonoideen werden in drei Gruppen unterteilt. Die Goniatiten haben gezackte Lobenlinien. Die Teile der Suturen, die nach vorn (auf die Öffnung zu) ragen, werden *Sättel* genannt. Die nach rückwärts gerichteten Teile heißen *Loben.* Die Ceratiten sind eine weiter entwickelte Gruppe der Ammonoideen. Ihre Suturen haben gerundete Sättel und gezahnte Loben. Die eigentlichen Ammoniten (manchmal wird die ganze Gruppe so bezeichnet) entwickelten sich in der Trias. Sie haben sehr differenzierte Lobenlinien mit verzweigten Sätteln und Loben. Im späten Mesozoikum waren die Ammoniten sehr zahlreich, starben jedoch bis zum Ende der Ära aus.

Ammoniten sind bei Sammlern sehr beliebt und auch für den Geologen wichtig. Viele Arten existierten nur über einen relativ kurzen Zeitraum, vielleicht ein paar tausend Jahre. Dadurch können Geologen das Alter der Gesteine, in denen sie diese Fossilien finden, sehr genau bestimmen. Bei Sammlern sind sie aufgrund ihrer Vielfalt und Häufigkeit beliebt. Ihr Durchmesser kann von drei Zentimetern bis über drei Meter betragen. Die Außenseiten der Schalen sind oft stark gerippt. Aber die äußeren Rippen folgen nicht den Lobenlinien. Manche Ammoniten wie der *Australoceras* (siehe Seite 80) haben nur teilweise aufgerollte Gehäuse.

Ammonoideen wie Gastropoden (Seite 76) konnten sich in ihr Gehäuse zurückziehen und die Öffnung schließen. Zu diesem Zweck besaßen manche Ammoniten ein Paar Kalzitplatten, andere eine einzelne Hornplatte.

Belemnoideen und ihre Verwandte

Kraken, Tintenfische, Sepia und Belemnoideen gehören zur Gruppe der Kopffüßler oder Cephalopoden. Die Belemniten traten als erste in Erscheinung, zuerst im Karbon und möglicherweise Devon. Während des Mesozoikums wurden sie sehr zahlreich, waren aber zu Ende des Eozäns ausgestorben.

Während des Mesozoikums entwickelten sich drei neuzeitliche Gruppen aus den Belemnoideen. Fossilien von Kraken wurden nur in geringer Zahl gefunden, da sie weichkörprig waren. Überreste der inneren Skelette von Tintenfischen wurden in Gesteinen des Jura und der Kreidezeit entdeckt. Einige dieser Tintenfische waren riesig. Die Evolution der Sepia ist besser bekannt. Etliche Sepiaskelette wurden in tertiären Gesteinen gefunden. An ihnen sieht man, wie das Innenskelett der Belemnoideen allmählich größer wurde. Gleichzeitig verschwand das *Rostrum,* und der Rest des Skeletts flachte sich ab.

Die fossilen Überreste von Belemnoideen sind meist patronenförmig und werden Belemniten genannt. Solche Fossilien bestehen nur aus dem Rostrum der ursprünglichen Skelette. Ganze Skelette kann man manchmal in angeschliffenen Gesteinsplatten finden.

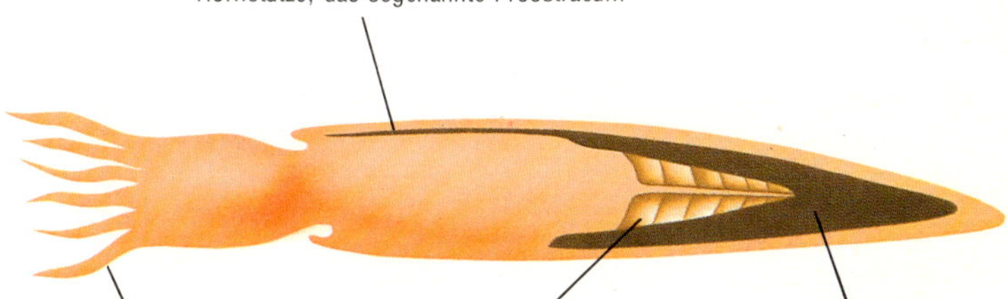

Oben: Rekonstruktion eines Belemnoiden. Eindrücke solcher tintenfischähnlichen Tiere werden manchmal in der Nähe fossiler Belemniten gefunden. Aber man kann die wahre Form des Tieres nur erraten. Die meisten Belemniten sind sich sehr ähnlich. Aber es gibt Unterschiede. Die Rostren mancher Belemniten haben, abgesehen von der zulaufenden Spitze, einen gleichbleibenden Durchmesser. Andere Belemniten haben spitz zulaufende Rostren. Unterschiede treten auch in der Querschnittform des Rostrum auf. Rechts: Belemniten in einen Felsen eingebettet.

Armfüßer (Brachiopoden)

Armfüßer sehen Bivalven (Muscheln) sehr ähnlich. Früher wurden sie sogar für Weichtiere gehalten. Der Name Armfüßer entstand aus einem Irrtum. Die beiden *Lophophoren* (siehe Abbildung unten) wurden für Arme gehalten, entsprechend den Füßen anderer Weichtiere.

Aber Brachiopoden sind keine Weichtiere und leicht von Muscheln zu unterscheiden. Die Hälften einer Bivalve sind unregelmäßig in der Form und eine ist jeweils das Spiegelbild der anderen. Brachiopoden besitzen symmetrische Schalen.

Brachiopoden werden in Gesteinen vom frühen Kambrium bis zur Neuzeit gefunden. Sie sind eine wichtige Fossiliengruppe. Die meisten der 30000 bekannten Fossilienarten stammen aus Gesteinen des Paläozoikums. Vom Mesozoikum an werden sie seltener. Heute gibt es nur noch etwa 250 lebende Arten.

Brachiopoden sind Meerestiere. Sie werden in zwei Hauptgruppen unterteilt. Die häufigste Form sind die *articulaten* Brachiopoden. Bei ihnen sind die Schalenhälften durch ein gezahntes Schloß verbunden. *Inarticulate* Brachiopoden wie *Lingula* (gegenüberliegende Seite) haben kein gezahntes Schloß. Ihre Schalen sind nicht so fest miteinander verbunden.

Ein Brachiopode haftet mit seinem Stiel am Felsen. Bei manchen Brachiopoden beginnt er bereits innerhalb des Gehäuses und tritt durch das Stielloch in einer der Schalenhälften nach außen. Bei anderen ist er an der Schalenhälfte befestigt. Diese Schalenhälfte heißt *Stielklappe* und ist gewöhnlich die größere von beiden. Die andere Schale heißt *Armklappe.* Wo beide Klappen aufeinandertreffen, befindet sich das Schloß.

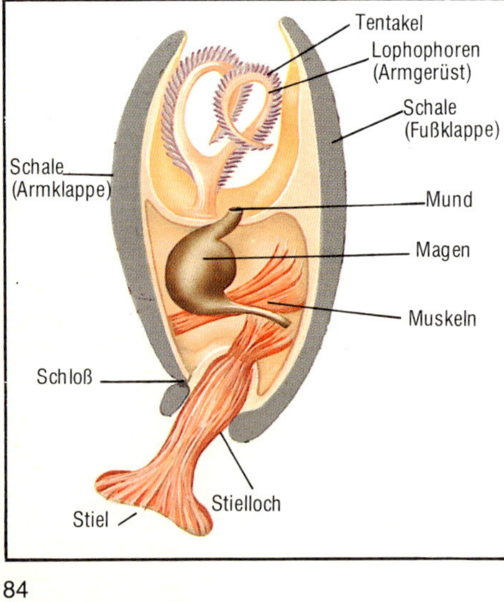

Links: Die Abbildung eines modernen Brachiopoden oder Armfüßers. Das Hauptorgan im Körper ist das Armgerüst *(Lophophoren).* Es besteht aus zwei langen, gerollten Armen. An jedem Arm befindet sich eine Reihe kleiner Fühler. Die Fühler haben winzige, haarähnliche Wimpern, die für einen Wasserstrom in die Schalen sorgen. Nahrungsteilchen im Wasser werden durch das Armgerüst ausgesondert und an den Mund weitergegeben. Der Stiel hat starke Muskeln. Daneben gibt es Muskeln zum Öffnen und Schließen der Klappen.

1

4

2

3

1. *Strophomena,* ein Brachiopode aus dem Ordovizium. Seine Armklappe (siehe Seite 84) ist nach außen, seine Stielklappe nach innen gewölbt. Er hat einen langen Schloßrand.
2. *Spirifer,* ein Brachiopode aus dem Karbon. Beide Klappen sind nach außen gewölbt.
3. *Terebratula,* ein häufiges Fossil von der Trias bis zur Neuzeit. Seine Klappen sind sehr stark nach außen gewölbt, der Schloßrand ist kurz. Ein Loch in der Stielklappe zeigt, wo der Stiel früher nach außen drang.
4. *Lingula,* ein inarticulater Brachiopode vom Ordovizium bis zur Neuzeit. Er ist noch nicht ausgestorben, womit er zu den ältesten Tieren der Welt gehört.

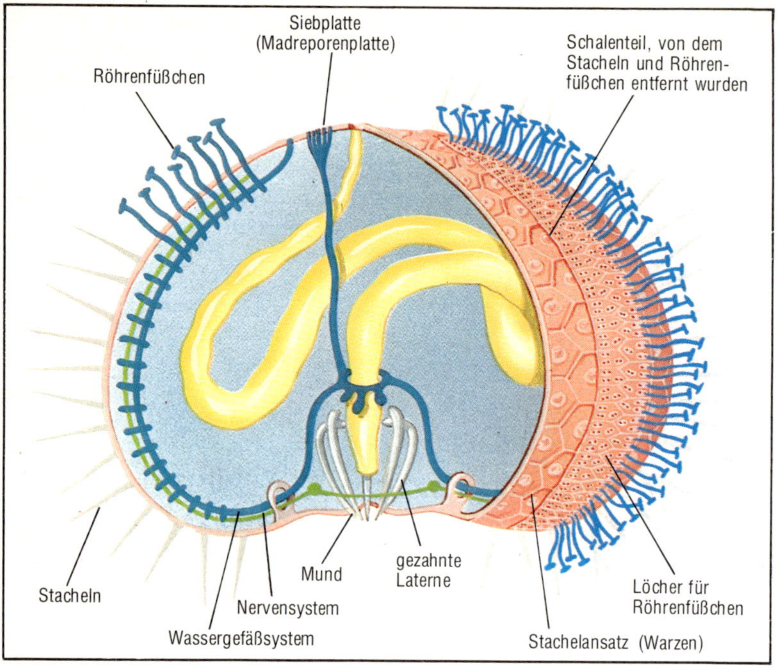

Echinodermen (Stacheltiere)
Zu den Echinodermen gehören Seeigel, Seelilien, Seesterne, Schlangensterne und Seegurken. Mit Ausnahme der Seegurken bestehen ihre Skelette aus sechsseitigen Platten und sind somit leicht zu identifizieren. Bei Seeigeln sind diese Platten zu einer harten Schale verbunden. Bei anderen Echinodermen sind die Skelette beweglicher.

Ausgestorbene Echinodermen
Einige fossile Gruppen der Echinodermen existieren heute nicht mehr, unter ihnen die Cystoideen und Blastoideen. Die Cystoideen tauchten erstmals im Oberen Kambrium auf. Sie waren sackähnliche Geschöpfe, deren Platten zum Teil unregelmäßig angeordnet waren. Man findet sie nur in Gesteinen vom Kambrium bis zum Devon. Die Blastoideen entwickelten sich später. Ihre Platten formten ein kelchähnliches Gebilde am Ende eines Stiels, und sie hatten komplexe, innere Atmungsorgane. Um den Rand des ›Kelchs‹ saßen Arme, die zum Sammeln von Nahrung benutzt wurden. Blastoideen findet man in Gesteinen zwischen Ordovizium und Perm.

Seeigel und Seelilien
Die wichtigsten Fossilgruppen sind die Seeigel und Seelilien. Seeigel (Echinoideen) werden in zwei Hauptgruppen aufgeteilt.

Gegenüber: Schnitt durch einen modernen Seeigel. Die Stacheln an der unteren (Mund-) Seite werden oft zur Fortbewegung benutzt. Die Röhrenfüßchen haben verschiedene Aufgaben, je nachdem, wo sie sich befinden. Sie können als Sinnesorgane, ›Atmungs‹-Organe oder Saugfüßchen zur Fortbewegung dienen. Die Röhrenfüßchen sind Teil des *Wassergefäßsystems,* das über die Siebplatte *(Madreporenplatte)* auf der oberen (aboralen) Seite des Skeletts mit der Außenseite verbunden ist. Die Röhrenfüßchen sind in fünf Reihenpaaren, den *Ambulakralfeldern,* angeordnet. Die *Laterne* dient der Nahrungsaufnahme. Die Zähne kratzen Algen von den Felsen. Oben rechts: *Echinocorys,* ein irregulärer Seeigel aus der Kreide bis zum Paläozän. Unten rechts: *Hemicidaris,* ein regulärer Seeigel aus dem Jura und der Kreide. Die Stacheln dieses Fossils blieben erhalten. Sie waren an großen Warzen zwischen den Ambulakralfeldern befestigt. Unten: *Clypeaster,* ein irregulärer Seeigel mit blattförmigen Ambulakralfeldern, vom Eozän bis zur Neuzeit.

Rechts: *Ophioderma,* ein Ophiuroid oder Schlangenstern aus dem unteren Jura.

Reguläre Echinoideen sind rund oder fünfseitig. Bei *irregulären* ist jede Hälfte ein Spiegelbild der anderen. Echte Seeigel sind in paläozoischen Gesteinen selten. Aber ihre Vorfahren treten in ordovizischen und silurischen Kalksteinen auf. Seeigel kommen häufig in Kalksteinen des Mesozoikums und Tertiärs, vor allem in der Kreide, vor.
Seelilien oder Crinoideen waren die verbreitetsten Echinodermen der silurischen, karbonischen und permischen Periode. Wie Blastoideen bestehen sie aus einem kelchartigen Gebilde auf einem Stiel. Aber ihre nahrungssammelnden Arme sind verzweigter. Im Karbon war die Vielfalt der stieligen Seelilien am größten. Im Jura verloren manche ihren Stiel und schwammen frei. Heute sind Seelilien ohne Stiel häufiger.

Unten: *Dichocrinus,* eine nordamerikanische Seelilie aus dem Karbon. Der Kelch besteht nur aus wenigen großen Platten. Die Arme sind lang und gefedert, wie die der heutigen Crinoideen.

Seesterne und Schlangensterne

Seesterne (Asteroideen) und Schlangensterne (Ophiuroideen) findet man in Gesteinen des Ordoviziums bis zur Neuzeit. Vollständige Exemplare sind selten, denn ihre Körper zerfallen nach dem Tod. Die Skelette lösen sich auf, da sie nicht so fest wie die anderer Echinoderme sind.

Seegurken

Seegurken (Holothuria) haben kein Skelett wie Echinoderme. Aber ihre ledrige Haut enthält viele Stacheln oder Nädelchen, die man unter einem Mikroskop von anderen unterscheiden kann.

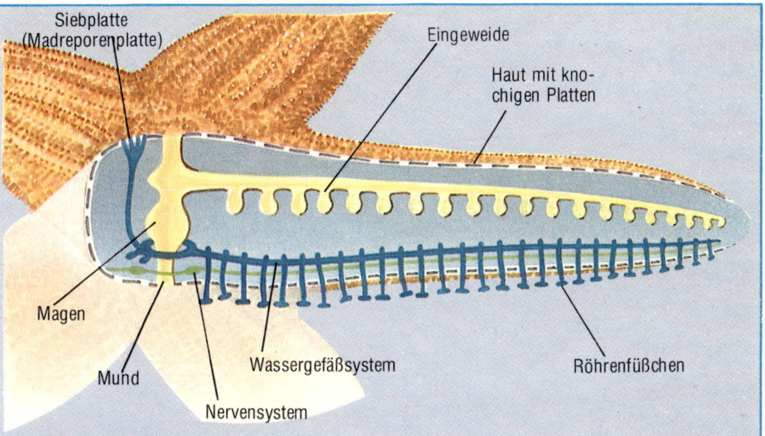

Oben: Querschnitt durch einen Seestern. Die Haut enthält die knöchernen Platten, aus denen das Skelett besteht. Auf der Hautoberfläche befinden sich kurze Stacheln. Die Saugfüßchen dienen der Fortbewegung über Felsen, aber auch zum Halten der Beute, etwa einer Muschel. Wenn die Beute zu groß zum Verschlingen ist, stülpt der Seestern seinen Magen nach außen über sie. So beginnt die Verdauung bereits außerhalb des Körpers.

Unten: *Palasterina*, ein Seestern aus dem unteren Devon, in Deutschland gefunden.

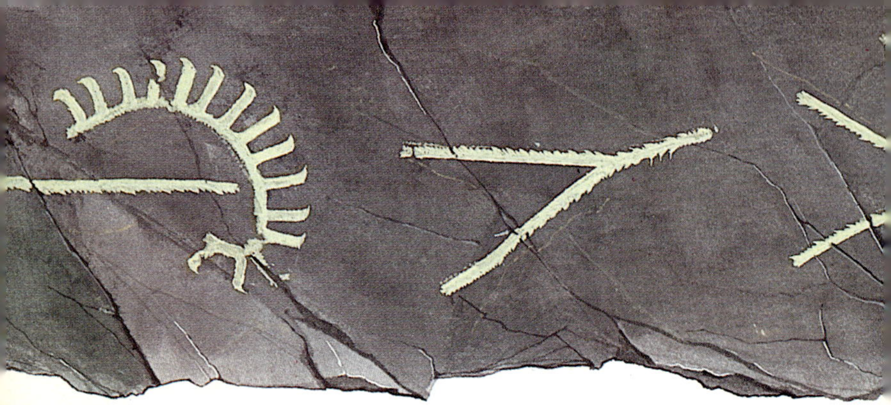

Graptolithen

Graptolithen sind eine merkwürdige, aber wichtige Tiergruppe. Graptolithfossilien kommen nur in paläozoischen Gesteinen vor. Niemand weiß zu sagen, wie die Tiere wirklich aussahen. Es gibt verschiedene Ansichten über ihre Form und Lebensart.

Graptolithen waren kolonienbildende Tiere, ähnlich den Bryozoen. Jedes Mitglied der Kolonie *(Rhabdosom)* lebte in einem Kelch, *Theka.* Daher wurden die Graptolithen einmal für Verwandte der Bryozoen gehalten. Aber in jüngerer Zeit hat die Untersuchung einiger Graptolithskelette unter dem Mikroskop gezeigt, daß sie wahrscheinlich mit den Pterobranchiaten, einer seltenen, im Meer lebenden neuzeitlichen Tiergruppe, verwandt sind. Verschiedene Merkmale verweisen sie in die große Abteilung der Chordata, zu denen auch Seenadeln und Wirbeltiere gehören.

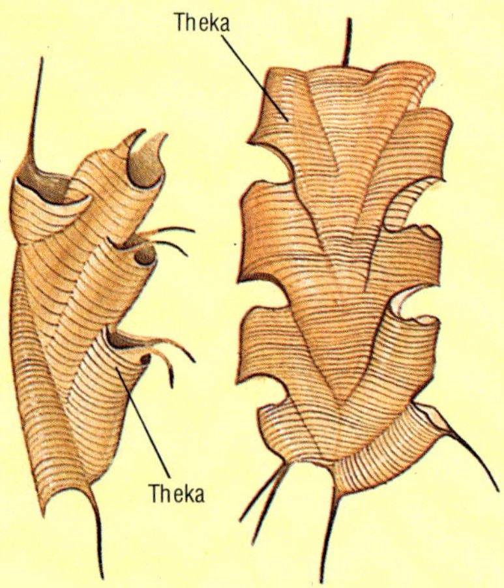

Links: Die Zeichnungen zeigen den genauen Aufbau der Kelche *(Theka)* zweier Graptolithen. *Monograptus* (links) hat nur an einer Seite seines Stieles Kelche. *Amplexograptus* (rechts) hat Kelche auf beiden Seiten des Stieles. Vom Aufbau dieser Kelche ausgehend müssen wir annehmen, daß sie von kleinen Tierchen oder *Zooiden* bewohnt waren. Die Zooiden hatten wahrscheinlich Fangarme zum Sammeln ihrer Nahrung. Wenn ein Zooid wuchs, vergrößerte er seinen Kelch. Die feinen Querlinien auf den Kelchen in der Zeichnung sind Wachstumslinien.

Graptolithen als Leitfossilien

Die ersten Graptolithen, zum Beispiel *Dictyonema,* werden Dendroiden genannt. Sie hatten viele Verzweigungen, von denen manche durch Stäbchen miteinander verbunden waren. Spätere Graptolithen wie *Tetragraptus* hatten weniger Zweige. Die am weitesten entwickelten Graptolithen waren noch einfacher gebaut. *Dicranograptus* hatte nur zwei Arme, und *Monograptus* bestand nur aus einem einzigen Stiel. Graptolithen sind wichtige Leitfossilien, das sind Arten, die nur über einen kurzen Zeitraum existierten und daher zur Datierung von Gesteinen herangezogen werden.

Oben: Eine Reihe fossiler Graptolithen, an der man sieht, wie sich die Verzweigung mit der Zeit vereinfachte. Von rechts nach links: *Dictyonema* (Kambrium), *Dichograptus* (Ordovizium), *Tetragraptus* (Ordovizium), *Dicranograptus* (Ordovizium), *Rastrites* (Silur) und *Monograptus* (Silur).

Unten: *Didyomograptus,* ein Graptolith aus dem Ordovizium.

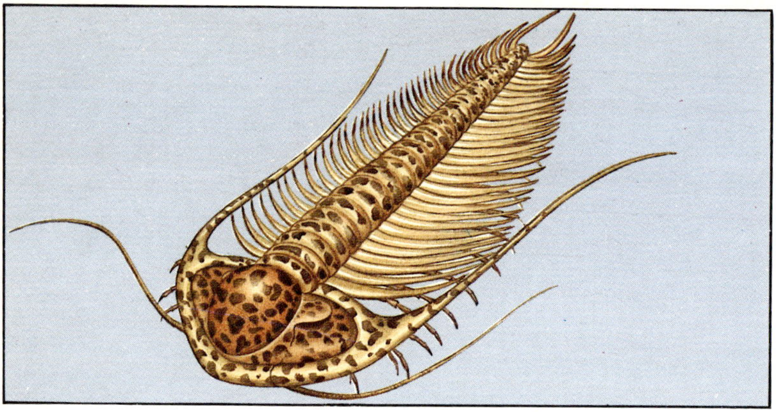

Oben: Eine Zeichnung von *Paradoxides,* einem Trilobiten aus dem mittleren Kambrium.
Unten: Ein fossiler *Paradoxides,* zu finden in Afrika, Australien, Europa und Nordamerika. Ganz unten: *Triplagnostus,* ein kambrischer Trilobit, der in Asien, Australien, Europa und Nordamerika auftritt. Er war kleiner als einen Zentimeter, Kopf (oben) und Schwanz ähnelten sich sehr.

Trilobiten

Trilobiten gehörten zu den Arthropoden, was wörtlich ›Gliederfüßer‹ bedeutet. Wie andere Arthropoden (Krustentiere, Insekten und Spinnentiere) hatten sie ein hartes Außenskelett, und ihre Körper waren in Segmente unterteilt. Jedes Segment trug ein Paar gegliederter Beine. Der Körper eines Trilobiten wird eingeteilt in: *Cephalon* (Kopf), *Thorax* (Körper) und *Pygidium* (Schwanz). Auf dem Kopf befindet sich eine Erhöhung, die *Glabella,* an deren beiden Seiten sich Wangen befinden. Auf jeder Wange sitzt ein leicht erhobenes Auge.

Das Zeitalter der Trilobiten

Die ersten Trilobiten kennt man seit dem Unteren Kambrium. Im Ordovizium erreichten sie ihre weiteste Verbreitung und größte Artenvielfalt. Dann begannen sie allmählich auszusterben. In silurischen und devonischen Gesteinen findet man immer noch eine große Anzahl von Trilobiten. Aber in karbonischem und permischem Gestein sind sie selten. Arthropoden waren im Paläozoikum weit verbreitet. Trilobiten waren sehr weit entwickelte Tiere und zum Teil hochspezialisiert. Manche gruben sich in den Sand ein, andere waren gute Schwimmer.

Links: *Trinucleus,* ein ordovizischer Trilobit aus Europa, trug einen breiten Rand um die Vorderseite seines Kopfes.

Oben: *Cryptolithus,* ein ordovizischer Trilobit aus Europa und Nordamerika. Er ähnelte dem *Trinucleus.*
Rechts: *Isotelus,* ein ordovizischer Trilobit aus Asien, Europa und Nordamerika. Kopf und Schwanz waren fast gleich groß.

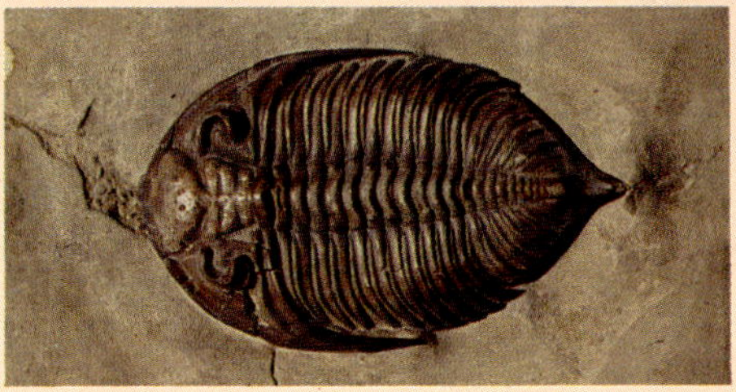

Links: *Dalmanites,* ein silurischer und devonischer Trilobit, wird auf der ganzen Erde gefunden. Sein Kopf war etwa ebenso groß wie sein Schwanz, der einen kleinen Stachel am Ende hatte.

Krustentiere
Krustentiere sind Arthropoden mit verzweigten Fortsätzen: den Beinen und Fühlern. Die meisten Krustentiere leben im Wasser und manche, wie die Mauerassel, auf dem Land. Krustentiere haben viele Beine. Eine Verzweigung jedes Beines wird zum Kriechen benützt, die andere, einem Paddel ähnlich oder federähnlich gebaut, dient zum Schwimmen und zur Sauerstoffentnahme aus dem Wasser. Zu den Krustentieren gehören Ostracoden, Branchiopoden, Cirripeden und Malacostraca.

Ostracoden (Muschelkrebse)
Fossile Ostracoden sind für den Geologen wichtig. Ein Ostracode ist nur wenige Millimeter lang, sein Körper von einem zweischaligen Gehäuse aus Kalziumkarbonat umgeben. Die Formen dieser Muschelkrebse und die Verzierungen auf den Schalen unterscheiden sich voneinander. Verschiedene Arten und Gattungen lebten nur über kurze Zeiträume. Daher sind Ostracoden nützliche Leitfossilien zur Datierung von Gesteinen.

Branchiopoden
Auch Branchiopoden lebten in einem zweiklappigen Gehäuse. Es wird *Carapac* genannt und besteht aus *Chitin.* Branchiopoden findet man in großer Zahl in triassischen Gesteinen.

Cirripeden (Rankenfüßer)
Cirripeden oder Rankenfüßer unterscheiden sich sehr von anderen Krustentieren. Ein Rankenfüßer bleibt sein Leben lang an einem Felsen oder Gegenstand haften. Um den Körper des Tieres liegen dünne Platten aus Kalziumkarbonat. Anstelle von Beinen hat es feine Fortsätze, die der Nahrungssammlung dienen. Fossile Rankenfüßler findet man in paläozoischen bis neuzeitlichen Gesteinen. Die meisten haben einen Durchmesser von nur wenigen Millimetern, aber es gibt auch Exemplare mit einem Durchmesser bis zu zehn Zentimetern.

Malacostraca
Dazu gehören alle Krabben, Hummer und Garnelen. Fossile Malacostraca findet man in Gesteinen, die bis ins Perm datieren. Vom späten Mesozoikum an treten sie häufiger auf.

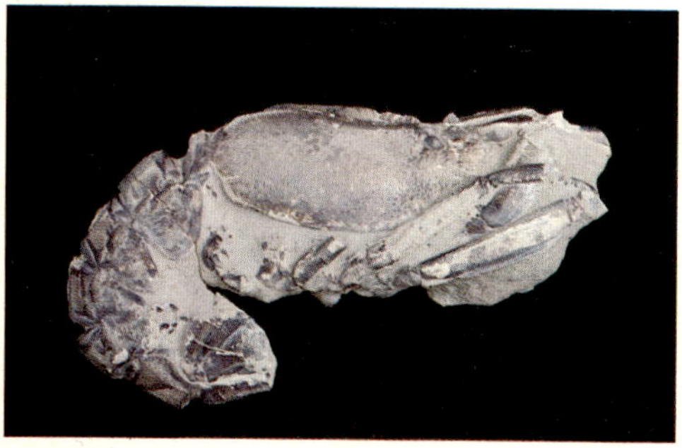

Links: Ein Fossil von *Meyeria,* einem frühen Hummer aus der Kreidezeit.

Rechts: *Archaeogeryon,* ein Krebs aus dem Miozän. Unten: *Eryon,* eine jurassische Krabbe. Beide Tiere sind Malacostraca.

Insekten und Spinnentiere

Insekten sind eine Arthropodengruppe mit nur sechs Beinen. Fossile Insekten in größerer Anzahl kommen nur an gewissen Stellen vor. Das liegt daran, daß sie meist zarte Körper hatten, die nur unter besonderen Bedingungen erhalten blieben. Die Überreste alter Sümpfe, zum Beispiel Kohlenlager, bergen oft gut erhaltene Exemplare.

Spinnentiere haben häufig acht Beine. Dazu gehören Skorpione, Eurypteriden und Spinnen. Die ersten bekannten Skorpione stammen aus der silurischen Periode. Sie lebten alle im Wasser. Bis zum Karbon hatten sich dann auch Landskorpione entwickelt. Eurypteriden oder Seeskorpione waren die größten aller Arthropoden. Sie lebten wahrscheinlich in Lagunen vom Ordovizium bis zum Karbon und starben dann aus. Spinnen sind bis ins Devon zurück bekannt. Aber wie die Insekten blieben sie nur in Sümpfen erhalten. Sie werden häufig in Kohlenlagern gefunden.

Rechts: *Cyclophthalmus,* ein fossiler Skorpion aus dem späten Karbon. Darunter ein fossiler Eurypterid. Ganz unten: Eine Rekonstruktion von *Pterygotus,* dem größten bekannten Eurypteriden. Exemplare von über drei Metern Länge wurden gefunden. Wie andere Spinnentiere besaß auch der Eurypterid acht Beine und zwei Scheren am Kopf. Hinter den Beinen hatte das Tier ein Paar paddelartiger Fortsätze, die es vermutlich zum Schwimmen brauchte.

Oben: *Ischnoptera*, eine Kakerlake aus dem Miozän, in Bernstein (einem fossilen Harz) eingefangen. Oben rechts: Ein fossiler Schmetterlingsflügel aus dem Miozän. Rechts: *Palaranea*, eine Spinne aus dem Karbon. Unten: *Gryllacris*, eine Grille aus dem Jura.

Die ersten Fische

Die ersten bekannten Vertebraten (Wirbeltiere) waren die Ostracodermen – kieferlose Fische. Das größte dieser eigenartigen Geschöpfe war etwa 20 Zentimeter lang. Es gab drei Gruppen: Cephalaspida, Pteraspida und Anaspida.

Kieferlose Fische

Der Kopf eines Cephalaspiden, wie *Cephalaspis* oder *Hemicyclaspis* war abgeflacht und von einem großen Schild (Knochenplatte) bedeckt. Unter dem Kopf befand sich ein Schlitz, der Mund. Der Fisch saugte wahrscheinlich Wasser und Schlamm ein und filtrierte Nahrungsteilchen heraus. Auch Pteraspida, wie *Pteraspis* und *Drepanaspis,* hatten knöcherne Kopfschilde, aber diese bestanden aus mehreren Platten. Die Anaspida, wie *Jamoytius,* waren viel kleiner und hatten weder abgeflachte Köpfe noch Kopfschilde. Die heutigen kieferlosen Fische (wie die Neunaugen) haben sich möglicherweise aus den Anaspida entwickelt.
Ostracodermen tauchen zuerst in silurischen Gesteinen und dann häufig in devonischen Gesteinen auf. Sie starben Ende des Devon aus.

Fische mit Kiefer und Panzer

Die ersten bekannten Fische mit Kiefern waren Placodermen. Sie hatten einen den Kopf bedeckenden Panzer. Ihre Kiefer bestanden aus zwei getrennten Panzerstücken. Die beiden Hauptgruppen der Placodermen waren Antiarcha und Arthrodira.
Antiarcha, wie der *Bothriolepis,* waren ziemlich klein. Wie die Ostracodermen ernährten sie sich vermutlich von Schlamm.
Nicht nur ihre Köpfe, auch die Vorderflossen waren gepanzert. Wahrscheinlich benutzten sie ihre Flossen zum Kriechen über den Schlamm.
Arthrodira waren die größte Gruppe der Placodermen. Einige waren klein, andere, wie *Titanichthys* (2 Meter lang) und *Dinichthys* (9 Meter lang), große, wilde Raubtiere. Placodermen tauchten zum erstenmal im Si-

Cyclobatis, links, ist ein fossiler Rochen aus der oberen Kreidezeit. Er sah wahrscheinlich ähnlich wie *Torpedo,* rechts, der heutige Zitterrochen aus. Die großen, flachen Flossen des Torpedo dehnen sich nach vorne aus, so daß das Tier rund erscheint.

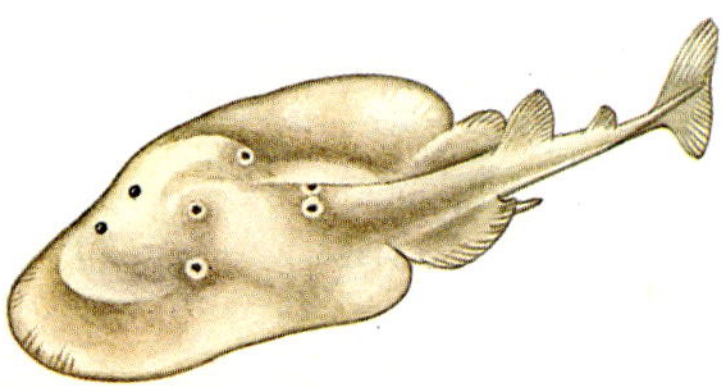

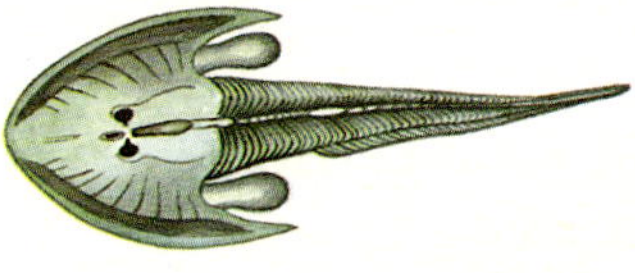

Oben: Ein Fossil des Placodermen *Bothriolepis;* der gepanzerte Kopf und die Flossen sind gut zu erkennen.

Mitte rechts: Eine Rekonstruktion von *Bothriolepis*

Rechts oben: Ein Fossil des Ostracodermen *Cephalaspis*

Unten rechts: Eine Rekonstruktion von *Cephalaspis.* Sein schwerer Panzer war wohl ein ausgezeichneter Schutz gegen Raubfische wie die Eurypteriden.

lur auf. Im Devon waren sie sehr zahlreich, starben aber bis zum Ende des Perm aus.

Fische mit Knorpelskeletten

Fische mit Knorpelskeletten, wie Haie und Rochen, haben ihren Ursprung im Devon. Entsprechend den heutigen Haien hatten auch die paläozoischen wie der *Cladoselache* scharfe Zähne und waren Raubtiere. Aber in Perm und Trias starben Haie und Rochen nahezu aus. Die Haie in der frühmesozoischen Ära besaßen abgeflachte Zähne, mit denen sie Weichtiere zermahlen konnten. Die heutigen Vertreter der Knorpelfische entwickelten sich im Jura. Alle modernen Knorpelfische, abgesehen von einigen Haien, haben scharfe, spitze Zähne.

Links: *Eocoelopona* ist ein Knochenfisch, der im Eozän lebte. Dieses Exemplar wurde in den Tonablagerungen des Londoner Beckens gefunden.

Knochenfische

Die meisten heutigen Fische sind Knochenfische. Darunter sind jene Arten mit den strahlenförmigen Flossen, die zum erstenmal im Devon auftauchten, am häufigsten. Erste Strahlenflosser hatten gepanzerte Köpfe wie die Placodermen. Im Lauf der Entwicklung ging dieser Panzer verloren. Gleichzeitig änderte der Schwanz seine Form, und der Körper wurde kürzer. Die Fische entwickelten eine luftgefüllte Blase, die Schwimmblase, und konnten so leichter im Wasser treiben. Am Ende des Jura hatte sich die moderne Gruppe der Strahlenflosser entwickelt. Sie besaßen kleinere Schuppen und weniger Schädelknochen als ihre Vorfahren. Inzwischen haben die Strahlenflosser eine große Vielfalt erreicht.

Quastenflosser

Quastenflosser waren eine wichtige Gruppe der Knochenfische und entwickelten sich ebenfalls im Devon. Ihre Flossen wurden von Muskellappen nach Art kleiner Glieder gestützt. Zu den Quastenflossern gehörten Coelacanthen und verschiedene Lungenfische. Von diesen starben die Rhipidistia, wie der *Eusthenopteron* (siehe Seite 102), bis zum Ende der paläozoischen Ära aus. Aber diese Gruppe hat wahrscheinlich die Amphibien hervorgebracht.

Rechts: *Portheus,* auch *Xiphactinus* genannt, war ein riesiger Fisch der Kreidezeit. Er ist einer der größten bekannten fossilen Knochenfische. Einige Exemplare waren bis zu fünf Meter lang. Dieser Fisch verschluckte vor seinem Tode einen zwei Meter langen Fisch. Wie man hier sehen kann, fossilisierte auch die Beute.

Oben: *Leptolepis* war ein Knochenfisch aus dem oberen Jura. Dieses Fossil wurde in Deutschland gefunden.

Bis zum Tertiär gab es eine ungeheure Vielfalt an Knochenfischen. Oben: Ein Fossil von *Eoplatax* aus dem Eozän. Rechts: *Sygnathus,* ein Nadelfisch aus dem Pliozän.

Links: *Eusthenopteron* war ein devonischer Quastenflosser. Er steht vermutlich an der Evolutionsgrenze zwischen Fischen und Amphibien. Die Zeichnung auf Seite 38 stellt dar, wie der Fisch vermutlich ausgesehen hat.

Amphibien

Während der devonischen, karbonischen und permischen Periode trockneten die Teiche, in denen Fische lebten, oft aus. Fische, die über Land zu einem anderen Teich kriechen konnten, überlebten. Gleichzeitig lockte wahrscheinlich auch die auf dem Land vorhandene Nahrung. Diese beiden Faktoren führten vermutlich zur Entwicklung der Amphibien. Dabei kam es zu zwei wesentlichen Veränderungen. Die Fische entwikkelten Laufglieder anstelle der Flossen, und das lungenähnliche Organ, das sich beim heutigen Knochenfisch zur Schwimmblase entwickelte, wurde bei den Amphibien zur echten Lunge.

Zu den ersten Amphibien gehörten die riesigen, schwerfälligen Labyrinthodontia wie *Ichthyostega* (siehe Seite 39) und *Eryops* (siehe unten und Seite 41). Sie entstanden im Devon und breiteten sich im Karbon aus; Ende der Trias waren sie wieder ausgestorben. Vermutlich zu Beginn des Mesozoikums entwickelten sich Frösche und Kröten. Molche und Salamander findet man nur in Gesteinen, die sich nach Beginn des Tertiärs bildeten.

Ein Skelett von *Eryops,* das aus fossilen Knochen zusammengesetzt wurde.

Links: Ein oligozäner Frosch, *Rana pueyoi navas.* Viele ähnliche Fossilien, bei denen Haut und Fleisch um die Knochen in Umrissen vorhanden sind, kann man in oligozänen Gesteinen in Spanien finden.

Unten: Eine Zeichnung und ein Fossil des riesigen miozänen Salamanders *Andrias scheuchzeri.* Er war etwa 60 Zentimeter lang.

Reptilien

Reptilien waren die ersten echten Landtiere. Ihre zähe Haut half ihnen in trockenen Lebensräumen zu überleben. Sie mußten zur Fortpflanzung nicht ins Wasser zurückkehren und konnten sich somit weit über das Land ausbreiten.

Stammreptilien

Die primitivsten Reptilien waren die Cotylosaurier oder ›Stammreptilien‹. Sie entwickelten sich im Karbon und starben in der Trias wieder aus. Aber vorher legten sie den Grundstein für alle anderen Reptiliengruppen. Cotylosaurier hatten schwere Körper und kurze, dicke Beine. Sie entwickelten sich zunächst auf dem permischen Kontinent Laurasia (siehe Seite 34 f.). Aber gegen Ende des Perm hatten sie sich über die ganze Erde ausgebreitet. Fossilien des *Pareiasaurus,* eines typischen Cotylosauriers, kommen in Rußland und Südafrika vor. Von manchen Wissenschaftlern wird der *Diadectes* aus permischem Gestein in Texas, USA, für einen Cotylosaurier gehalten, andere sehen in ihm eine Amphibie.

Säugetierähnliche Reptilien

Die erste Gruppe, die sich aus den Cotylosauriern entwickelte, waren die knochenköpfigen Pelycosaurier: die ersten säugetierähnlichen Reptilien. Manche wie *Dimetrodon* und *Edaphosaurus* hatten ›Segel‹ auf dem Rükken. Diese Segel halfen mit ihrer großen Oberfläche den Tieren wahrscheinlich das heiße permische Klima zu überstehen. Pelycosaurier starben mit Beginn der Trias aus. Zu diesem Zeitpunkt hatten sie die Entwicklung der Therapsiden herbeigeführt, einer noch erfolgreicheren Gruppe säugetierähnlicher Reptilien; dazu gehören *Dicynodon, Lystrosaurus* und *Cynognathus.* Im Jura und in der Trias entwickelten sich aus den Therapsiden Säugetiere.

Meeresreptilien

In der Zwischenzeit waren einige Reptilien ins Wasser zurückgekehrt. Sie paßten sich wieder einem Lebensraum an, den ihre Vorfahren verlassen hatten. Die Ichthyosaurier nahmen ein fischähnliches Aussehen an. Die Plesiosaurier entwickelten ihre Glieder zu großen, flachen Paddeln (siehe Seite 42). Große Seereptilien waren während des gesamten Mesozoikums verbreitet.

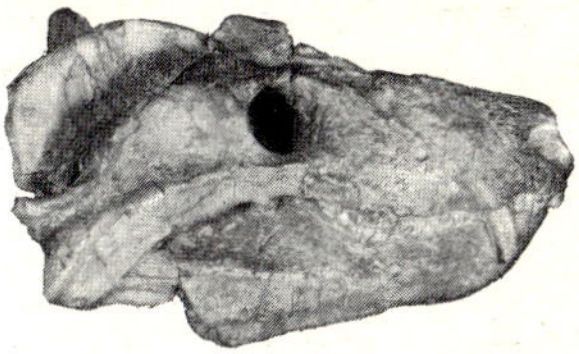

Oben links: *Cynognathus* war ein fleischfressender Therapside aus der Trias. Obwohl er den typischen schweren, reptilienähnlichen Körper hatte, wies sein Schädel, oben rechts, einige säugetierähnliche Züge auf.

Oben: Das fossile Skelett eines Plesiosauriers wird freigelegt (siehe Seite 42). Dabei muß man mit großer Sorgfalt vorgehen, um die Knochen nicht zu beschädigen.

Ganz links: Ein Fossil und eine Zeichnung von *Diadectes* aus dem Perm. Er war entweder noch eine Amphibie oder schon ein frühes Reptil.

Unten: Der Kopf eines Ichthyosauriers (siehe Seite 42) besaß eine lange Schnauze mit scharfen Zähnen. Die Augen waren von einem Ring knochiger Platten umgeben.

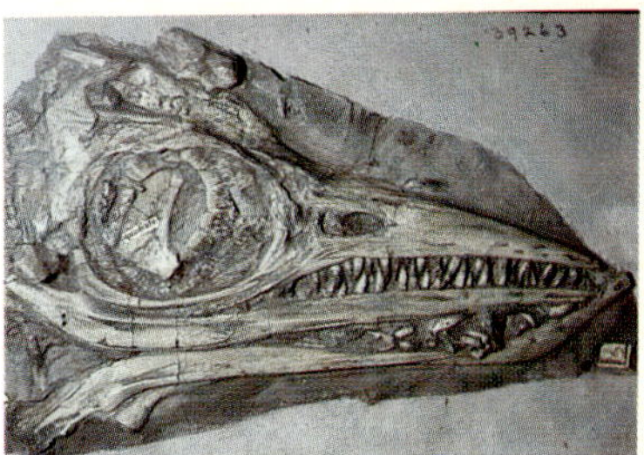

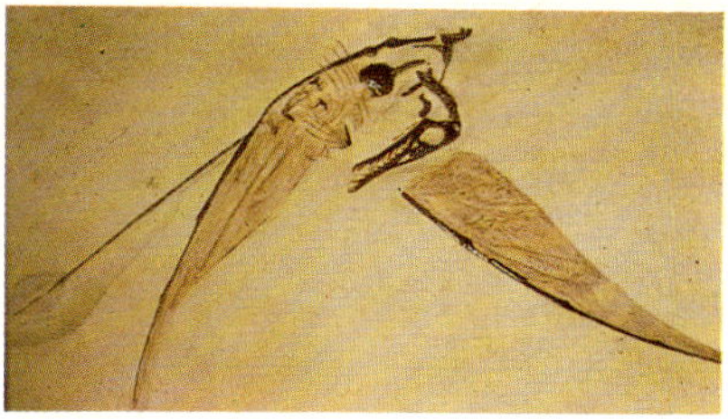

Oben: Ein Fossil und, links, eine Zeichnung von *Rhamphorhynchus,* einem jurassischen Pterosaurier. Seine Flügel trug er an einem langen Zehen des vorderen Glieds.

Landreptilien

Am Ende des Perm hatten die Cotylosaurier auch zur Entwicklung der Chelonia (Land- und Wasserschildkröten), Squamata (Schlangen und Eidechsen), Rhynchocephalia und Thecodontia geführt. Der einzige Rhynchocephale, der heute noch existiert, ist *Sphenodon,* die Brückenechse Neuseelands. Die Thecodontia waren äußerst wichtig, kleine, schnelle Reptilien, die sich auf den Hinterbeinen fortbewegten und die Vorfahren der Krokodile, Vögel, Pterosaurier und Dinosaurier sind.

Dinosaurier

Dinosaurier waren die beherrschenden Reptilien des Jura und der Kreidezeit. Die beiden Hauptgruppen waren Saurischia und Ornithischia, die sich nach der Form ihrer Beckenknochen unterschieden. Saurischia hatten eidechsenähnliche, Ornithischia vogelähnliche Beckengürtel.
Saurischia werden in zwei Gruppen unterteilt: in Therapoden und Sauropoden. Zu den Therapoden gehören alle fleischfressenden Dinosaurier, wie *Ornitholestes* und *Allosaurus* (siehe Seite 44), *Ornithomimus* (Seite 46), *Tyrannosaurus* und *Megalosaurus.* Die Sauropoden waren riesige pflanzenfressende Dinosaurier. Zu dieser Gruppe gehörten *Brachiosaurus* (Seite 44), *Diplodocus* und *Brontosaurus.*
Die Wissenschaft unterteilt die Ornithischia in vier Gruppen. Stegosaurus (Seite 44) und Ankylosaurus bilden getrennte Gruppen. Zu den Ceratopsiden gehören alle gehörnten Dinosaurier der späten Kreidezeit, zum Beispiel *Protoceratops* und *Triceratops* (Seite 108). Die Ornithopoden bildeten die vierte und größte Gruppe. Zu ihr gehörten *Iguanodon* (Seite 109), *Camptosaurus* (Seite 44) und die Hadrosaurier wie *Lambeosaurus* (Seite 46) und *Corythosaurus.*

Die Entdeckung der Dinosaurier

Dinosaurierknochen waren schon bekannt, noch bevor man sie Anfang des 19. Jahrhunderts identifizieren konnte. Seitdem wurden Dinosaurierfossilien in ganz Europa, Südafrika, Nord- und Südamerika sowie Asien gefunden.

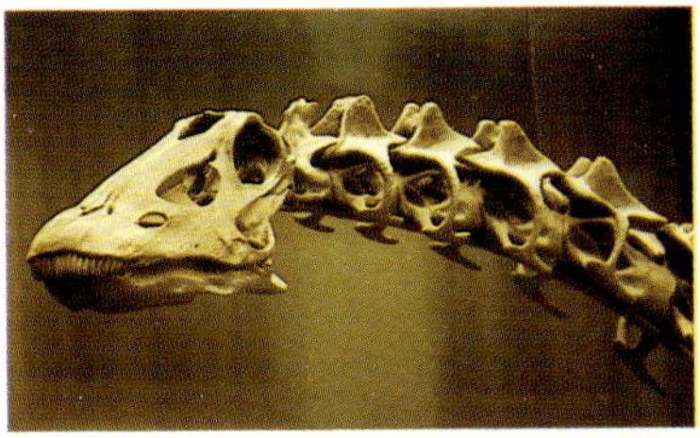

Links: Fossiler Schädel und Halsknochen des Sauropoden *Diplodocus*. Rechts: Eine Rekonstruktion des *Diplodocus*. Trotz seiner Größe (er war 24 Meter lang) maß sein Gehirn nur zehn Zentimeter.

Oben: Ein fossiler Schädel von *Triceratops,* einem dreihörnigen Ornithischia. Unten: Eine Rekonstruktion von *Triceratops.* Dieser sehr spezialisierte Dinosaurier war einer der letzten in der Kreidezeit. Einige Exemplare wurden über sieben Meter lang. Ihre gepanzerten Köpfe maßen fast zwei Meter. Die extreme Spezialisierung des Triceratops hat wohl zu seinem Aussterben geführt. Vielleicht konnte er sich nicht an neue Umweltbedingungen anpassen.

Das Aussterben der Dinosaurier
Dinosaurierfossilien werden nur in mesozoischen Gesteinen gefunden. Pterosaurier, wie *Pterandodon* und *Rhamphorhynchus,* starben am Ende der Kreidezeit, die Phytosaurier, wie *Rutiodon,* Ende der Trias aus.

Känozoische Reptilien
Das Tertiär überlebten nur moderne Reptiliengruppen. Trotzdem gab es im Mesozoikum viel mehr Krokodile als heute. Eidechsen entwickelten sich wahrscheinlich in der Trias, aber Fossilien vor der Kreidezeit sind selten. Schlangen entwickelten sich in der späteren Kreidezeit, wahrscheinlich aus den Eidechsen. Aber sie traten erst im Oligozän in großer Zahl auf. Triassische Schildkröten ähnelten den heutigen Arten. Aber noch wurden keine fossilen Hinweise gefunden, auf welchem Weg sie sich aus den Cotylosauriern entwickelten.

Oben: Dieser fossile Schädel einer eozänen Krokodilart zeigt, daß sich dieses Tier seit damals kaum verändert hat. Moderne Arten des *Crocodilus* sind die häufigsten heutigen Krokodile.

Rechts: Eine Gruppe fossilisierter Dinosauriereier, wahrscheinlich von Protoceratops. Wie andere Reptilien legten auch Dinosaurier ihre Eier in Nester auf dem Land.

Rechts: Eine Rekonstruktion von *Iguanodon,* einem frühen, pflanzenfressenden Ornithopoden der Kreidezeit. Er war ein großer Dinosaurier und maß etwa 7 ½ Meter in der Länge und 5 Meter aufrecht stehend. Unten: Eine rekonstruierte fossile Hand von *Iguanodon.* Sein Daumen war ein scharfer Sporn, der möglicherweise als Verteidigungswaffe diente.

Säugetiere
Die meisten Säugetierfossilien erscheinen in eozänen bis neuzeitlichen Gesteinen. Aber die Fossilgeschichte geht bis zur triassischen Periode zurück, als es ein paar mausähnliche Säugetiere, wie das *Megazostrodon,* gab. Diese frühen Säugetiere waren Nachkommen der Therapsiden.
In der jurassischen Periode entwickelte sich eine Gruppe nagetierähnlicher Säugetiere, die Multituberculata. Sie lebten über 100 Millionen Jahre – länger als jede andere Säugetiergruppe. Aber die Hauptlinie der Säugetiere entwickelte sich von ihnen getrennt weiter. Bis zum Ende der mesozoischen Ära hatten sich drei Hauptgruppen herausgebildet: die Monotremata (eierlegende Säugetiere), die Marsupiala (Beutel-Säugetiere) und die Placentalia. Die *Plazenta* ist das Organ im Muttertier, in dem sich das Junge bis zur Geburt entwickelt. Die meisten heutigen Säugetiere sind Placentalia.
Als die Dinosaurier ausstarben, entwickelten sich die Säugetiere sehr schnell. Über die paläozänen Säugetiere wissen wir wenig. Viele in dieser Zeit entstandenen Ablagerungen sind abgetragen, so daß kaum paläozäne Fossilien von Säugetieren vorhanden sind.

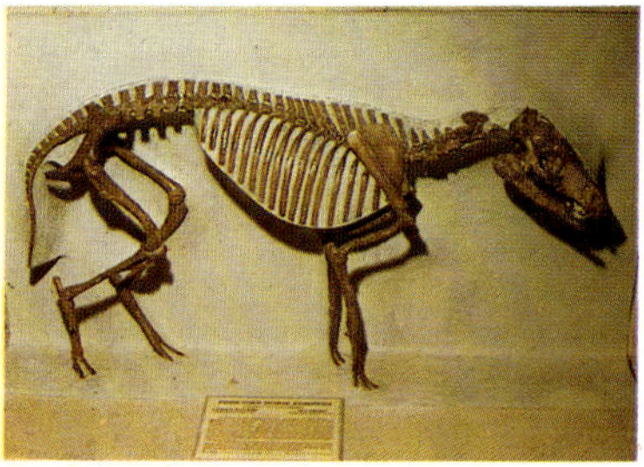

Oben: Skelett des vierzehigen Pferdes *Eohippus* (siehe auch Seite 26)
Unten: Der Schädel von *Hoplophoneus,* einer Säbelzahnkatze aus dem Oligozän (siehe Seite 49).

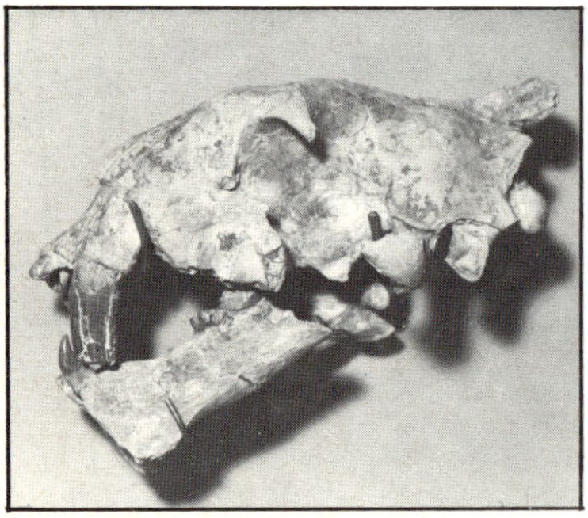

Säugetiere im Paläozän
Gegen Ende der paläozänen Epoche hatten sich 26 Gruppen Placentalia entwickelt. Viele von ihnen waren Insektenfresser. In der spätpaläozänen Epoche traten erstmals Nagetiere auf. Inzwischen sind sie die größte aller Säugetiergruppen. Auch einige Primaten hatten sich entwickelt. Aus dieser Gruppe ging später der Mensch hervor.
Es gab zwei Hauptgruppen fleischfressender Säugetiere. Die Creodonta ähnelten den modernen Katzen, Hunden und Hyänen. Sie lebten bis zum Pliozän. *Hyaenodon* war ein oligozäner Creodont. Die echten Fleischfresser wie *Miacis* entwickelten sich ebenfalls im Paläozän. Ihre Verwandten sind die Urväter aller modernen Fleischfresser.

Säugetiere des Eozäns
In der eozänen Epoche lebte eine Reihe seltsamer Säugetiere. Einige ›Testgruppen‹ starben am Ende der Epoche aus.

Unten: Ein rekonstruiertes fossiles Skelett von *Phenacodus* und, ganz unten links, eine Zeichnung des Tieres. *Phenacodus* lebte in Nordamerika und Europa und war einer der größten (1,7 Meter lang) Condylarthren. Er hatte fünf Zehen, die in kleinen Hufen endeten. Solche Tiere waren die Vorfahren aller späteren Huftiere.

Oben: Ein Schädel des nordamerikanischen Dinoceraten *Uintatherium.* Oben links: Eine Rekonstruktion von *Zintatherium.* Er war ein häßliches Tier mit drei Paaren knochiger Wülste auf dem Kopf. Er war Pflanzenfresser und hatte ein sehr kleines Gehirn. Das könnte zu seinem Aussterben geführt haben, als die großen Fleischfresser auftraten und auf ihn Jagd machten.

Oben: Der Unterkiefer eines *Palaeotherium* und eine Zeichnung dieses pferdeähnlichen Säugetiers aus dem Eozän.

Zu diesen sogenannten eozänen ›Testgruppen‹ gehörten die Taeniodonta, wie die Riesenerdfaultiere, die sehr hoch spezialisiert waren. Tillodonta waren groß und ähnelten Nagetieren. Pantodonta wie *Barylambda* (Paläozän) und *Coryphodon* (Eozän) ähnelten Flußpferden. Die Dinoceraten, wie das *Uintatherium,* waren die größten Säugetiere des Tertiärs. Die Condylarthren, wie *Phenacodus,* bildeten eine wichtige Gruppe. Sie entwickelten sich im Paläozän und starben Ende des Eozäns aus. Aber sie waren für die Entwicklung der gehuften Säugetiere entscheidend. Eines der ersten war das *Eohippus* (Seite 26–27). Eine andere Gruppe pferdeähnlicher Tiere, die Palaeotheres, starb mit dem Oligozän aus.

Säugetiere des Oligozäns
Zu Beginn der oligozänen Epoche gab es eine große Vielfalt von Säugetieren. Aber viele waren Ende der Epoche schon wieder ausgestorben, vermutlich aufgrund von Konkurrenzkämpfen und Klimaveränderungen. Die Hufsäugetiere waren die eindrucksvollsten Tiere dieser Epoche. Das große *Brontotherium* (Seite 49) gehörte zu einer Gruppe, die zu Beginn der Epoche sehr verbreitet war, aber bald ausstarb. Es gab auch Nashörner, wie *Baluchitherium* und *Hyracodon* (Seite 49). Andere oligozäne Hufsäugetiere sind Schweine, wie *Archaeotherium,* und Kamele, wie *Poebrotherium* (Seite 49). Zu oligozänen Fleischfressern gehörten Säbelzahnkatzen, Hunde und Ottern.

Archaeotherium, ein oligozänes Riesenschwein aus Nordamerika und Ostasien, hatte knochige Auswüchse an den Wangen, die vielleicht im Kampf nützlich waren. Eine Zeichnung ist auf Seite 49 abgebildet. Mit seinen langen Beinen war es wahrscheinlich sehr schnell.

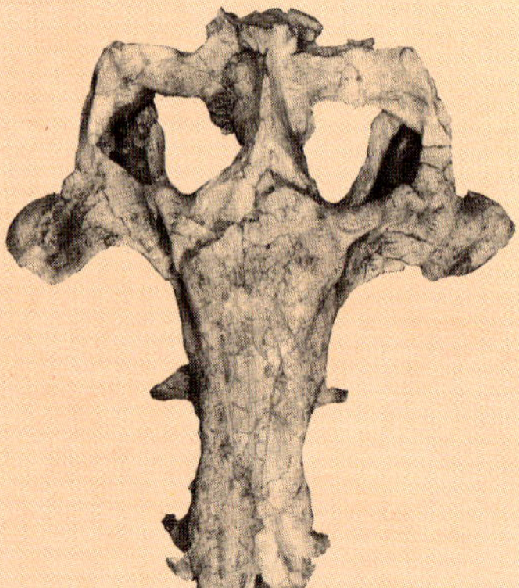

Säugetiere in Miozän und Pliozän
In der miozänen und pliozänen Epoche starb das letzte der kamelähnlichen Litopterna, das *Macrauchenium,* aus. Auch *Astrapotherium* war der letzte Vertreter seiner Gruppe (siehe Seite 113). Die Notoungulata waren sehr artenreich. Manche ähnelten Hasen, andere, wie das *Toxodon* (Seite 115), Nashörnern. Sie alle starben im Pleistozän aus.
Andere Gruppen gehufter Säugetiere waren erfolgreicher. Die Pferde entwickelten sich weiter (siehe Seite 27), und Wiederkäuer, vermutlich Vorfahren der Giraffen und des Wildes, entwickelten sich. Gegen Ende der pliozänen Epoche entwickelten sich die Antilopen.
Die Mastodonten aus dem Miozän, wie das *Gomphotherium,* hatten längere Körper und kürzere Beine als echte Elefanten. Das *Mastodont* ist aus dem Miozän bekannt, war jedoch im Pleistozän weiter verbreitet.

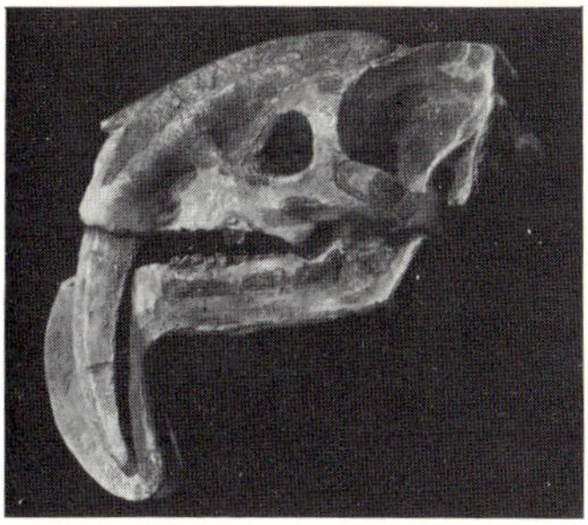

Oben links: Ein fossiler Schädel von *Astropotherium,* einem miozänen Säugetier.

Oben: Eine Rekonstruktion des Tieres. Es lebte in Südamerika und war etwa so groß wie ein Nashorn. Ob es einen Rüssel besaß, wie hier abgebildet, ist nicht ganz sicher.

Links: Ein fossiler Schädel von *Thylacosmilus* (siehe Zeichnung auf Seite 33). Es war eines der größten südamerikanischen Beuteltiere und ähnelte den Säbelzahnkatzen.

Unten: Ein fossiler Schädel des südamerikanischen Litoptern *Macrauchenia* zeigt, daß das Tier eine ziemlich hohe Nasenöffnung hatte. Das läßt auf einen Rüssel wie auf der Zeichnung links schließen. Andere Wissenschaftler glauben, das Tier sei eine Amphibie gewesen und habe viel unter Wasser gelebt.

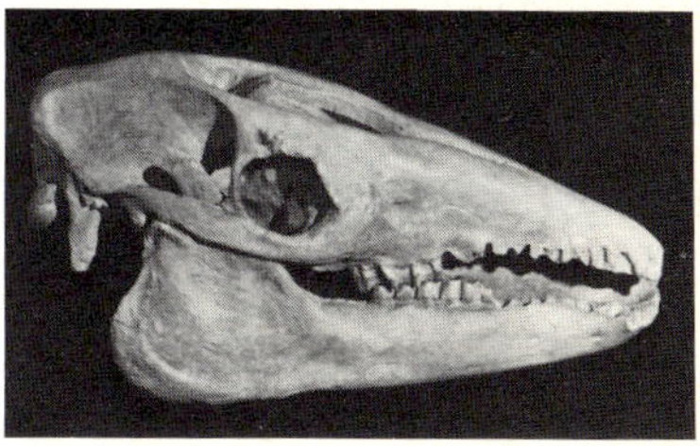

Säugetiere des Pleistozäns
Mit dem Beginn der pleistozänen Epoche erschienen drei Gruppen von Säugetieren: echte Elefanten, die sich von den Mastodonten durch den Aufbau ihrer Zähne unterschieden, das moderne Pferd *Equus* und Rindertiere wie Bisons und Büffel. Bären, die sich gegen Ende des Pliozäns entwickelt hatten, breiteten sich aus, und es gab viele Fleischfresser, wie Säbelzahntiger und Wölfe. Die meisten Säugetiere des Pleistozäns ähnelten den heutigen. Aber es gab immer noch eine Reihe seltsamer Tiere, wie *Glyptodont* und *Megatherium,* in Südamerika.

Beuteltiere
Die opossumähnlichen Beuteltiere, die sich im Mesozoikum entwickelt hatten, gingen allmählich zurück, da sie der Konkurrenz der nordamerikanischen Placentalia nicht gewachsen waren. In Südamerika waren sie noch bis ins späte Tertiär verbreitet, doch nach dem Anschluß Nord- und Südamerikas nahmen sie auch dort schnell ab. Die meisten noch heute existierenden Beuteltiere leben auf dem isolierten australischen Kontinent. Zu den Beuteltieren des Pleistozäns gehörten das Riesenkänguruh *Procoptodon,* der Beutellöwe *Thylacoleo* und das Riesenwombat *Diprotodon,* das größte aller Beuteltiere.

Links: Das Riesenerdfaultier des Pleistozäns, *Megatherium,* war eines der großen südamerikanischen Edentata (dazu gehören Ameisenfresser, Gürteltiere und Faultiere). *Megatherium,* dessen fossiles Skelett unten abgebildet ist, war etwa 6 Meter hoch und fraß die Blätter hoher Zweige.

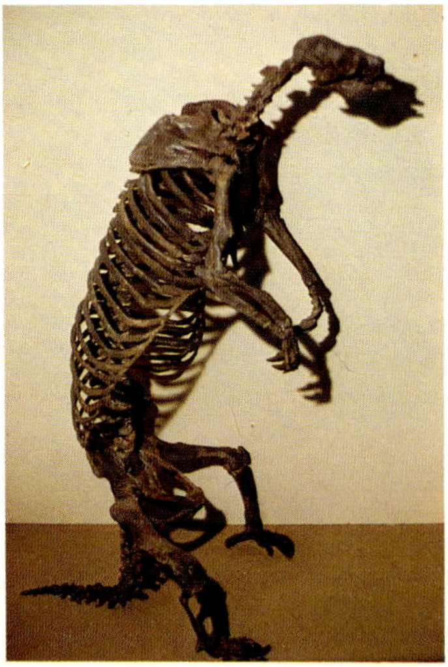

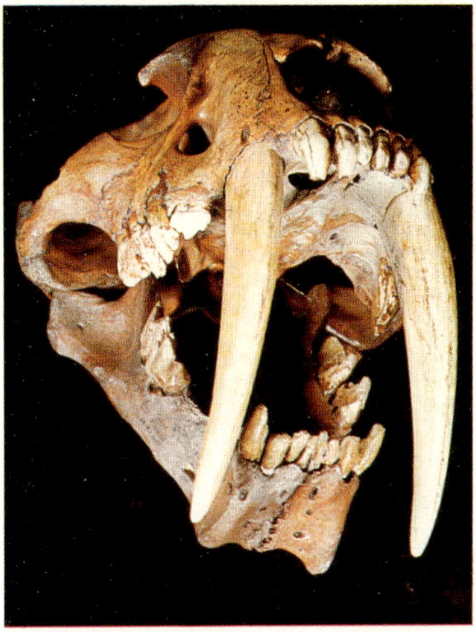

Unten und rechts: *Glyptodon,* ein Riesengürteltier des Pleistozäns, graste auf den Ebenen Südamerikas.

Unten und links: *Toxodon* war das letzte südamerikanische Notoungulat.

Oben und links: *Smilodon* war eine der letzten nordamerikanischen Säbelzahnkatzen des Pleistozäns.

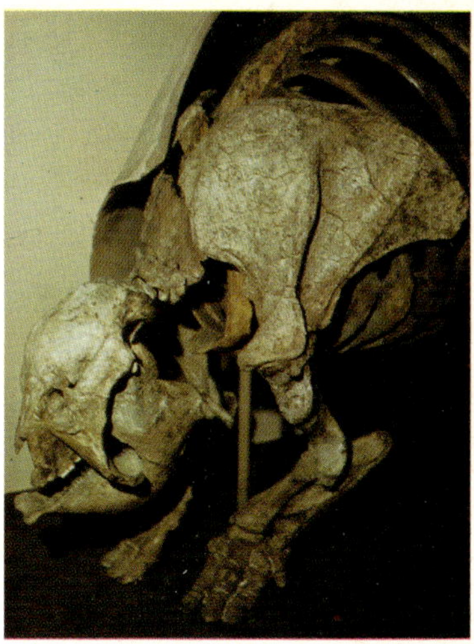

Die Evolution des Menschen

Fossilien menschlicher Vorfahren sind selten. Trotzdem kann man die Evolution des Menschen einige Zeit zurückverfolgen.

Die ersten Affen

Die Primaten entwickelten sich im Paläozän, vor ungefähr 60 Millionen Jahren. Schwanzlose Affen, wie *Aegyptopithecus* und *Propliopithecus*, erschienen im Oligozän vor etwa 35 Millionen Jahren. Gegen Ende des Oligozäns teilten sich die Vorfahren des Menschen und des Affen in zwei getrennte Gruppen. Fossile Kieferstücke eines frühen menschenähnlichen Affen, *Ramapithecus*, die etwa 10 Millionen Jahre alt sind, zeigen einige menschliche Züge.

Australopithecinen

Nach dem Ramapithecus wird es schwer, die Entwicklung des Menschen zu verfolgen. Wir wissen, daß sich der Australopithecus während des Pliozäns entwickelte und schließlich im Pleistozän wieder ausstarb.

Zu den Australopithecinen gehö-

Oben: Der Schädel eines Kindes des *Australopithecus africanus,* gefunden 1924 in Taung, Botswana.
Unten: Eine Rekonstruktion des *A. africanus.*

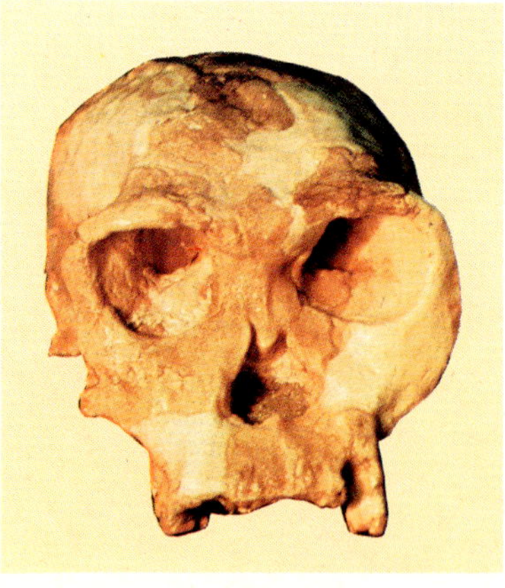

Rechts: Dieser in Olduvai, Tansania, gefundene Schädel bekam den Spitznamen ›Twiggy‹. Er wurde als *Homo habilis* bezeichnet, hatte aber verschiedene Merkmale des *Australopithecus.*
Unten: Eine Rekonstruktion des Homo habilis.

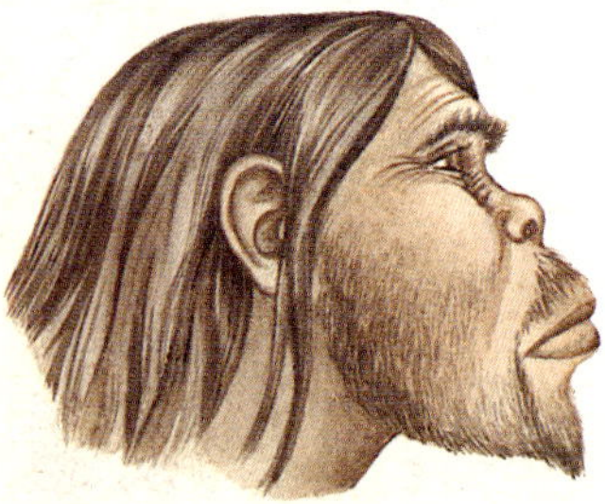

ren *Australopithecus robustus,* ein großer, schwerknochiger Typ, und *Australopithecus africanus,* auch *Australopithecus gracilis* genannt, der leichter gebaut war. Eine Theorie besagt, daß sich der Mensch aus dem *Australopithecus africanus* entwickelt habe. Neue Funde in Ostafrika deuten darauf hin, daß der frühe Mensch schon im frühen Pliozän neben den Australopithecinen gelebt haben könnte (siehe Karte Seite 119).

Hominiden

Zu Beginn des Pleistozäns existierten mit Sicherheit echte Hominiden (menschenähnliche Geschöpfe). *Homo habilis* (Werkzeug-Mensch) wurden verschiedene Fossilien aus dieser Zeit genannt. Eine andere Theorie besagt, daß einige dieser Funde zur Gruppe der Australopithecinen gehören und die übrigen frühe Formen des *Homo erectus* (aufrechter Mensch) darstellen. Der nach seiner Fundnummer 1470 benannte menschliche Schädel, der in Olduvai, Tansania, gefunden wurde, kann eine weiterentwickelte Form des *Homo habilis* gewesen sein. Wo auch immer seine Wurzeln liegen, der *Homo erectus* war in der Mitte des Pleistozäns fest etabliert. Aus ihm entwickelten sich mindestens zwei Linien des *Homo sapiens.*

Homo sapiens

Der Neandertaler oder *Homo sapiens neanderthalensis,* der vor etwa 100 000 Jahren auftrat, starb am Ende des Pleistozäns aus. Der heutige Mensch, *Homo sapiens sapiens,* tauchte Ende der Epoche auf. Aber es ist ungewiß, welche der älteren Fossilien des *Homo sapiens* auf der direkten Entwicklungslinie vom *Homo erectus* zum heutigen Menschen liegen. Steinheim-Mensch und Swanscombe-Mensch können Vorfahren des heutigen Menschen und des Neandertalers sein. Einige Fossilien, wie jene von Broken Hill (jetzt Kabwe), Sambia, und aus der Tabun-Höhle am Mount Carmel, Israel, zeigen neandertalerähnliche Merkmale, so daß sie wahrscheinlich nicht von Vorfahren des jetzigen Menschen stammen.

Rechts: Der auf Java gefundene Schädel des *Homo erectus* und eine Rekonstruktion. Der *Homo erectus* hatte ein größeres Gehirn als der *Australopithecus,* und seine Zähne ähnelten denen des heutigen Menschen, wenn sie auch größer waren.

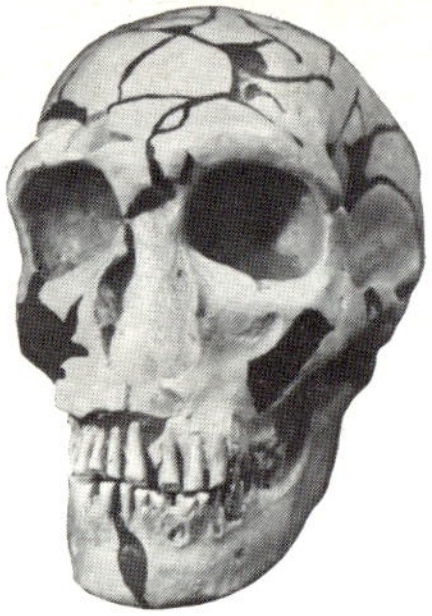

Oben: Ein fossiler Schädel und eine Rekonstruktion des Neandertalers. Unten: Ein fossiler Schädel und eine Rekonstruktion des Steinheim-Menschen, einer primitiven Form des *Homo sapiens.*

Gegenüberliegende Seite: Die Karte zeigt die wichtigsten fossilen Funde des Menschen. Wir wissen nicht genau, seit wann es den Menschen gibt, und können somit keinen ›Stammbaum‹ erstellen. Aber wir wissen, daß die Australopithecinen und der Neandertaler ausstarben. Wir kennen auch das Alter der Fossilienfunde. Deshalb kann man die Entwicklung des Menschen annähernd nachvollziehen.

Schlüssel. 1. *Aegyptopithecus.* **2.** *Propliopithecus.* **3.** *Dryopithecus* (Proconsul). **4.** *Ramapithecus.* **5.** *Laetolil* Fossilien. Homo? **6.** *Hadar* Fossilien. *Australopithecus robustus, a. africanus* (›Lucy‹), *Homo erectus?* **7.** Sterkfontein; *A. africanus.* **8.** Sterkfontein; Homo? **9.** Olduvai; *a. boisei (Zinjanthropus).* **10.** Taung; *A. africanus.* **11.** Swartkrans; *A. robustus (Paranthropus).* **12.** Ost-Turkana (E. Rudolf); *Homo 1470.* **13.** Olduvai; *Homo habilis.* **14.** Heidelberg; *Homo erectus.* **15.** Teinil (Java); *Homo erectus (Pithecanthropus).* **16.** Peking; *H. erectus (Sinanthropus).* **17.** Vertesszöllös; *Homo sapiens?* (Teil des Schädels). **18.** Olduvai; *H. erectus (Telanthropus)* (Schädeldecke). **19.** Ternifine; *H. erectus* (Unterkiefer). **20.** Shanida; *H. sapiens neanderthalensis.* **21.** La Chapelle; *H. sapiens neanderthalensis.* **22.** Swanscombe; *H. sapiens* (Teile des Schädels). **23.** Steinheim; *H. sapiens.* **24.** Solo; *H. sapiens.* **25.** Mount Carmel (Skuhl); *H. sapiens sapiens.* **26.** Broken Hill; *H. sapiens rhodesiensis.* **27.** Mount Carmel (Tabun); *H. sapiens.* **28.** Cro-Magnon; *H. sapiens sapiens.*

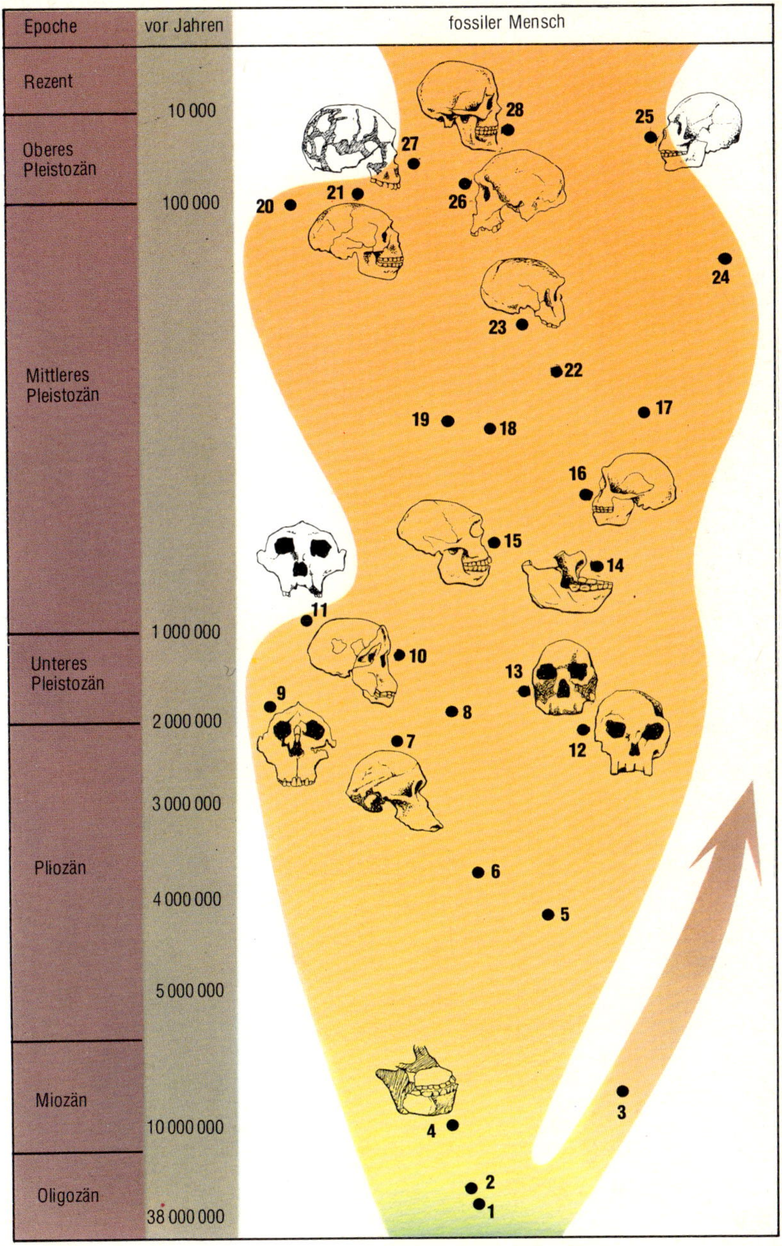
Epoche
vor Jahren
fossiler Mensch
Rezent
10 000
Oberes Pleistozän
100 000
Mittleres Pleistozän
1 000 000
Unteres Pleistozän
2 000 000
3 000 000
Pliozän
4 000 000
5 000 000
Miozän
10 000 000
Oligozän
38 000 000
1
2
3
4
5
6
7
8
9
10
11
12
13
14
15
16
17
18
19
20
21
22
23
24
25
26
27
28

Worterklärungen

Abdruck. Ein festes Gebilde, das die Form eines fossilen Tieres hat. Natürliche Abdrücke (Prägekerne) entstehen, wenn sich ein Hohlraum mit Mineralstoffen füllt.

Bernstein. Das gehärtete, fossilisierte Harz von Nadelhölzern, zum Beispiel Kiefern. Bernstein aus dem Oligozän findet man an der Ostseeküste. Bernstein kann auch fossilisierte Insekten enthalten.

Eisenschiefer. Ein Gestein, oft in Form von Handstücken, das große Mengen eines eisenhaltigen Minerals enthält.

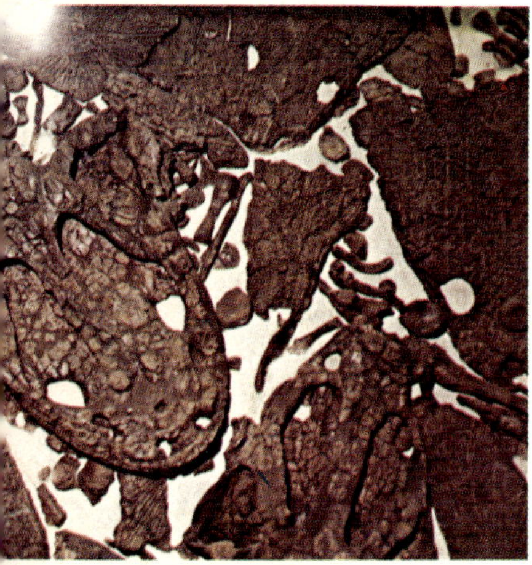

Diese Lebensgemeinschaft besteht aus einer Gruppe Amphibien. Sie starben wahrscheinlich alle gemeinsam, als ihr Teich austrocknete.

Erosion. Das allmähliche Abtragen von Land durch Verwitterung, fließendes Wasser, das Meer, Wind und Gletscher.

Ersetzung (Metasomatose). Ein Vorgang, bei dem die harten Teile eines Organismus langsam aufgelöst und durch Minerale ersetzt werden. Dadurch entsteht eine Steinnachbildung der ursprünglichen Hartteile.

Evolution. Die schrittweise Veränderung von Merkmalen bei Lebewesen über Generationen hinweg.

Flintstein und Kieselschiefer. Sehr harte, feste Kalzedonstücke (Kieselsäure) in Kreideablagerungen.

Geologischer Hammer. Ein Hammer aus gehärtetem Stahl mit einem flachen und einem meißelförmigen oder zugespitzten Ende. (Anmerkung: Ein zu weicher Hammer kann auf hartem Gestein zerbrechen und so zu Verletzungen führen.)

Hohlraum. Die entstehende Höhle, wenn sich das harte Skelett eines Tieres innerhalb eines Sediments auflöst.

Inkohlung. Die Ausbildung eines Fossils, wenn bis auf den Kohlegehalt eines Stoffes alle anderen Bestandteile verlorengehen. Dadurch bleibt gewöhnlich eine dünne Kohleschicht zwischen den Gesteinsschichtungen zurück.

Kalkstein. Ein Gestein, das durch die Anhäufung von Kalziumkarbonat, oft aus Tiergehäusen, entstanden ist. In Kalkstein findet man meist viele Fossilien. Kalkriffe werden durch Korallen, Algen und Tiere, die im Riff lebten, gebildet. Auf dem Meeresboden enthält Kalkstein die Skelette von Tieren, die auf dem Boden lebten: Weichtiere, Echinodermen und Brachiopoden. Pelagische Kalksteine wie Kreide bestehen aus den Skeletten schwimmender Tiere.

Kalzit. Kalziumkarbonat. Es ist der Hauptbestandteil von Kalkstein.

Kieselschiefer. Siehe Flintstein.

Knochen. Der harte Stoff, aus denen der größte Teil des Skeletts nahezu aller Wirbeltiere besteht. Da Knochen hart und dauerhaft ist, bildet er gute Fossilien aus. Siehe auch Knorpel.

Knorpel. Ein Gewebe, aus dem das Skelett von Haien und Rochen besteht. Man findet ihn auch in bestimmten Teilen anderer Wirbeltierskelette. Er ist weicher als Knochen und bildet nicht so gut Fossilien aus.

Kohle. Die reinen Kohlestoffüberreste fossilisierter Pflanzen.

Kreide. Ein weißes oder graues Gestein, das aus reinem Kalkstein und einer geringen Lehmmenge besteht. Kreide besteht hauptsächlich aus den Überresten kleiner Organismen: Algen, die Kalk absonderten, und einigen Foraminifera (siehe Seite 61). Viele Kreidesteine bildeten sich in der Kreidezeit.

Lebensgemeinschaft. Eine Gruppe von Fossilien, die an der Stelle, an der sie lebten, erhalten blieben.

Leitfossil. Ein Fossil, mit dessen Hilfe man Gesteinsschichten identifizieren und datieren kann.

Magmatisches Gestein. Ein Gestein, das sich aus heißer Lava, die auf der Erdoberfläche abkühlt, oder aus unterirdisch abkühlender Magma bildet. Es enthält keine Fossilien.

Metamorphes Gestein. Gestein, das entsteht, wenn sich Sediment- oder magmatisches Gestein durch große Hitze oder Druck verändert, metamorphisiert. Metamorphe Gesteine können entstellte Fossilien enthalten.

Mineralisierung. Bei diesem Vorgang werden durch Wasser Minerale in kleinen Hohlräumen der Hartteile überdeckter Tiere abgelagert.

Paläontologie. Das Studium fossiler Tiere und Pflanzen.

Sandstein. Ein aus körnigen Bestandteilen, hauptsächlich Quarz, aber auch anderen Mineralen bestehendes Gestein. Sandsteine wurden im Meer und an Land in Wüsten abgelagert.

Schiefer, siehe Ton.

Sedimentgestein. Ein Gestein aus zusammengepreßten Teilchen. Manche Sedimentgesteine werden aus erodierten Teilchen gebildet (siehe Erosion), andere durch die Anhäufung pflanzlicher und tierischer Überreste.

Spurenfossil. Ein Fossil, das auf die frühere Existenz eines Organismus hinweist, selbst aber nicht Teil dieses Organismus ist, z.B. Wurmkanäle, Fußabdrücke, Ausscheidungen.

Todesgemeinschaft. Eine Fossiliengruppe von Organismen, die sich nach ihrem Tod an einer Stelle angesammelt haben.

Ton. Eine Mischung feinkörniger Minerale, die einen glatten, festen Schlamm bilden. Wird Ton gepreßt, nennt man ihn Tonschiefer oder Schieferton. Wenn er harte, dünne Schichten ausbildet, heißt er Schiefer.

Versteinerung. Der Vorgang, bei dem kleine Hohlräume, die ursprünglich von den Weichteilen eines Organismus ausgefüllt waren, sich mit Mineralstoffen füllen. Dadurch entsteht ein versteinertes Fossil – das heißt, ein zu Stein gewordenes Fossil.

Die am weitesten entwickelte Gruppe der Wirbeltiere sind die Primaten. Dazu gehören Mensch und Affen, wie der miozäne *Dryopithecus*, oben.

Wirbellose. Tiere ohne Wirbelsäule.

Wirbeltiere. Tiere mit Wirbelsäule.

Zone. Eine geologische Unterteilung der Gesteine einer geologischen Periode. Eine Zone enthält eine bestimmte Ansammlung von Leitfossilien.

Index

Die *kursiv* gedruckten Begriffe verweisen auf Abbildungen im Text.

Bildnachweis

Biofotos: 8 oben, 12 oben, 13 oben, 24 unten, 55, 61 oben, 63 oben links, unten rechts, 66 unten, 74 unten rechts, 76 unten, 79 Mitte links, 80 unten rechts, 81 unten, 83 unten, 85 unten, 87 oben, 88 oben, 91 unten, 101 unten. *W. L. Hamilton:* 28. *Imitor:* 4, 5, 6, 7, 9, 11, 12 unten, 24 unten, 29 unten, 52, 54, 57 oben, 58, 60, 63 oben rechts, Mitte, unten links, 64, 65, 66 oben, Mitte, 67, 68, 69, 70, 71, 72, 73, 74 oben, unten links, 75, 76 Mitte, 77, 79 oben links, oben rechts, Mitte rechts, unten links, unten rechts, 80 rechts, 82, 85 oben Mitte, 87 unten links, unten rechts, 88 unten, 89, 92, 93, 94, 95, 96, 97, 99 oben links, 100 oben, 101 oben, 102 unten, 103, 104, 105 oben, 108 oben, 109, 110 unten, 111, 112, 113 Mitte, unten, 114 oben, Mitte, 116, 117, 118. *Institute of Geological Science:* 15, 19. *Mark Lambert:* 59. *Mansell Collection:* 16, 24 oben, 25 oben rechts, 100 unten, 101 Mitte, 102 oben, 105 unten rechts, 106 oben rechts, 107 links, 110 oben, 113 oben, 114 rechts, 115 oben rechts, 120. *NHPA:* 61. *Novosti:* 13 unten. *Zefa:* 20. Bildredaktion: Jackie Cookson.